UNIVERSITÉ DE DROIT — FACULTÉ DE DIJON

LES

THÉORIES SOCIALES

DE

LOUIS BLANC

THÈSE POUR LE DOCTORAT

(Sciences Politiques et Économiques)

SOUTENUE DEVANT LA FACULTÉ DE DROIT DE L'UNIVERSITÉ DE DIJON

Le mardi 15 juillet 1902, à 8 h. 1/2 du matin

PAR

Alphonse JOUANNET

Receveur de l'Enregistrement

Sous la présidence de M. Truchy, *professeur.*

Suffragants { MM. Vignes, *agrégé.*
{ Allix, *agrégé.*

DIJON

IMPRIMERIE BARBIER-MARILIER

40, RUE DES FORGES, 40

1902

LES

THÉORIES SOCIALES

DE

LOUIS BLANC

UNIVERSITÉ DE DROIT — FACULTÉ DE DIJON

LES

THÉORIES SOCIALES

DE

LOUIS BLANC

THÈSE POUR LE DOCTORAT

(Sciences Politiques et Économiques)

SOUTENUE DEVANT LA FACULTÉ DE DROIT DE L'UNIVERSITÉ DE DIJON

Le mardi 15 juillet 1902, à 8 h. 1/2 du matin

PAR

Alphonse JOUANNET

Receveur de l'Enregistrement

Sous la présidence de M. Truchy, *professeur.*

Suffragants { MM. Vignes, *agrégé.*
{ Allix, *agrégé.*

DIJON

IMPRIMERIE BARBIER-MARILIER

40, RUE DES FORGES, 40

—

1902

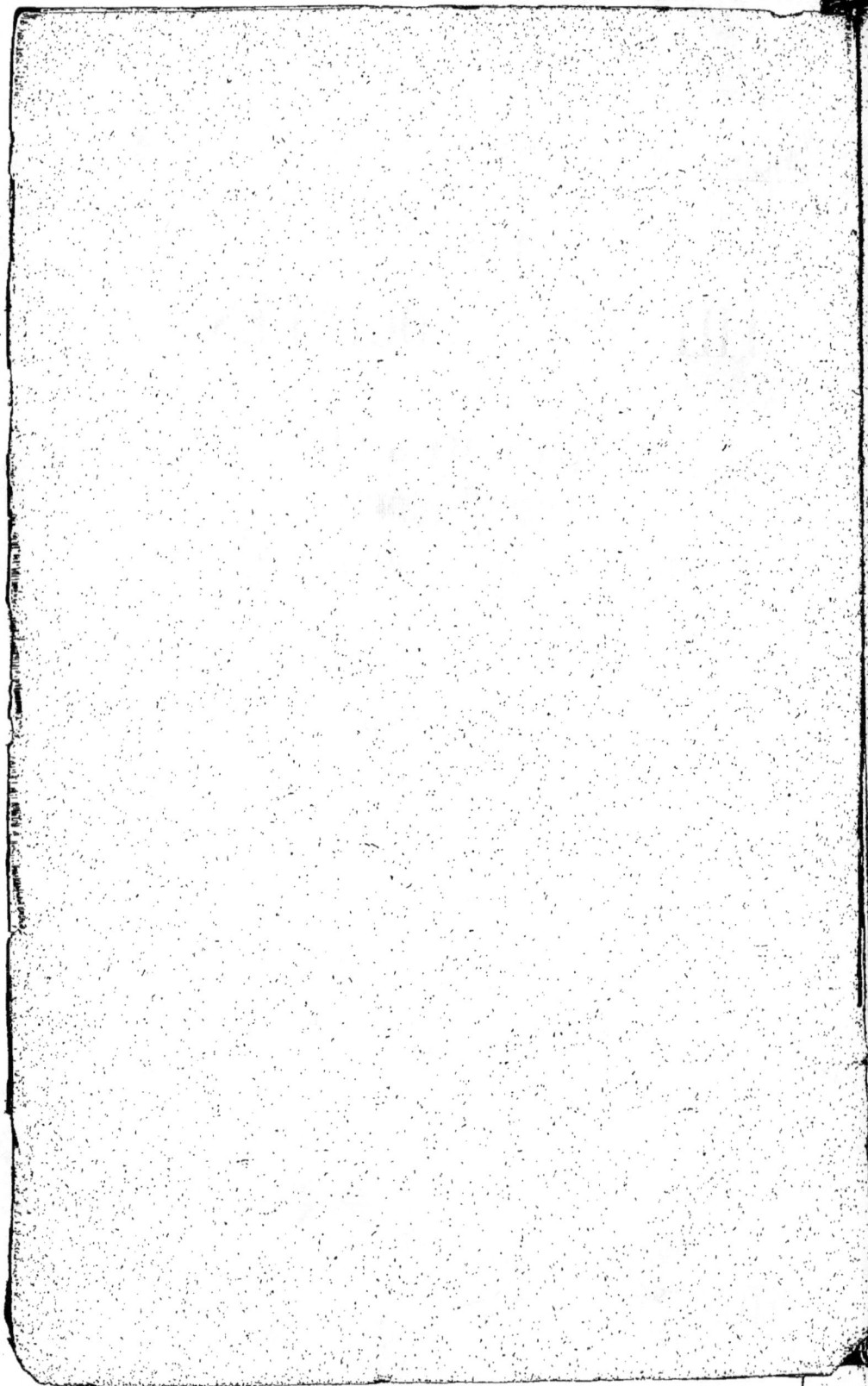

BIBLIOGRAPHIE

I. — Œuvres de Louis Blanc.

Histoire de dix ans, 1830-1840. — 5 vol., 1844, in-8.
Organisation du travail. — 1 vol., 1847, in-12.
Socialisme, droit au travail. — *Réponse à M. Thiers.*
— In-8, 1848.
Appel aux honnêtes gens. Quelques pages d'histoire contemporaine. — In-8, 1847.
Histoire de la Révolution de 1848. — 2 vol., in-8, 1880.
Histoire de la Révolution française. — 12 vol., in-8, 1848.
Discours politiques (1847-1881). — In-8, 1882.
Questions d'aujourd'hui et de demain. — 5 vol. in-18.

II. — Ouvrages divers.

Louis FIAUX. — *Louis Blanc.* — 1883, in-32.
Ed. PAILLERON. — *Discours de réception à l'Académie.* — 1884, in-4.
L. REYBAUD. — *Réformateurs et socialistes.* — 1864, 2 vol., in-12.
H. BAUDRILLART. — *Publicistes modernes.* — 1862, in-8.

1

Joseph GARNIER. — *Le Droit au Travail à l'Assemblée constituante.* — 1848, in-8.

SUDRE. — *Histoire du communisme ou réfutation historique des utopies socialistes.* — 1850, in-12.

Daniel STERN. — *Histoire de la Révolution de 1848.* — 2 vol. in-12, 1878.

ENGELS. — *Socialisme utopique et socialiste scientifique* (Trad. Paul Lafargue). — In-8, 1880.

Benoît MALON. — *Le socialisme intégral.* — 2 vol., in-8, 1892.

A. MENGER. — *Das recht aus den vollen Arbeitsertrag in geschichtlicher Darstellung.* — 1891, in-8, Stuttgart.

LASSALLE. — *Monsieur Bastiat-Schulze de Delitzch ou Capital et travail* (Trad. B. Malon). — In-8, 1880.

AFTALION. — *L'Œuvre économique de Simonde de Sismondi.* — In-8, 1899.

Eugène SPULLER. — *Histoire parlementaire de la Seconde République.* — In-12, 1848.

Hubert VALLEROUX. — *Les associations coopératives en France et à l'étranger.* — In-8, 1896.

Moniteur officiel. — Année 1848.

Revue d'Economie politique. — Articles.

Journal des Economistes. — Articles.

NOTICE BIOGRAPHIQUE

Louis Blanc, adversaire acharné de la bourgeoisie, était d'origine bourgeoise. Il naquit le 29 octobre 1811, à Madrid, où son père exerçait les fonctions d'intendant général des finances de Joseph Bonaparte. Sa famille rentra en France après la restauration des Bourbons, et il fit ses études au collège de Rodez. Ses études terminées, la pauvreté l'oblige à partir avec son frère pour aller chercher une situation à Paris. Secouru par un oncle de sa mère, Ferri Pisani, qui était conseiller d'État, Louis Blanc étudia le droit chez un avoué nommé Collot, et, le soir, il donnait des leçons de mathématiques et faisait des travaux de copie pour vivre. Il fréquentait en même temps un ami de sa famille, M. Flaugergues, ancien président de la Chambre des députés, qui lui inspirait le goût des questions politiques.

En 1832, il trouva une place de précepteur chez M. Halette, mécanicien à Arras, où il resta deux ans. Il prit part aux concours académiques de cette ville par deux poèmes, l'un sur Mirabeau, l'autre sur l'hôtel des Invalides, et par un éloge de Manuel. En même temps, il collaborait à deux journaux, *le Propagateur* et *le Progrès du Pas-de-Calais*.

Il revient à Paris en 1834 et présente au *National* une étude sur le XVIIIe siècle où il proclame la supériorité de J.-J. Rousseau, le représentant de la démocratie, sur Voltaire, le héros de la bourgeoisie, vil courtisan des princes. Il collabore à *la Revue démocratique* qui fut atteinte peu de temps après par les lois de septembre, à *la Nouvelle Minerve* et au *Bon Sens*. Il devint rédacteur en chef de ce dernier journal le 1er janvier 1837. Il se retira au bout de dix-huit mois par suite d'une divergence avec le conseil d'administration sur la question de l'exploitation des chemins de fer. Quelque temps après, il fonde une nouvelle feuille, *la Revue du Progrès*, politique, sociale et littéraire, où il aborda toutes les questions sociales à l'ordre du jour. Le 15 août 1839, il publia un « Compte rendu des idées napoléoniennes » qui fit sensation. Il prédisait notamment qu'une restauration bonapartiste ne saurait être que « le despotisme moins la gloire, les courtisans sur nos têtes moins l'Europe à nos pieds, un grand nom moins un grand homme, l'empire enfin moins l'empereur ».

Vers cette époque, il fut victime d'un attentat dont les auteurs sont restés inconnus. Rentrant le soir à son domicile de la rue Louis-le-Grand, il fut attaqué, roué de coups et laissé pour mort. Il dut garder le lit pendant plusieurs semaines.

C'est dans *la Revue du Progrès* qu'il publia pour la première fois « l'Organisation du travail », qui fut ensuite imprimée à part. L'idéal qu'il propose, c'est « l'absorption de l'individu dans une vaste solidarité où chacun aurait selon ses besoins et ne donnerait que selon ses facultés ». Malgré l'inégalité du travail produit, les salaires seraient égaux. Dans l'atelier social, le mobile de l'intérêt individuel fera place au dévouement de chacun au bien de tous.

Ces idées, et la publication de l'*Histoire de dix ans* qui parut en 1841, lui valurent une grande notoriété. En 1847, il publia les deux premiers volumes de l'*Histoire de la Révolution*, et au mois de décembre il présida à Dijon un grand banquet réformiste. Dans un discours très applaudi, il fait la critique de la monarchie constitutionnelle et il réclame la suppression du cens électoral et le suffrage universel.

Les évènements politiques vinrent bientôt l'arracher à ses travaux et le porter au pouvoir. Nommé membre du Gouvernement provisoire, son premier acte fut de faire promulguer un décret qui abolissait la peine de mort en matière politique. Mais il ne put triompher de l'opposition de ses collègues, lorsqu'il proposa la création d'un ministère du Progrès. A la suite de cet échec, il donna sa démission, mais il consentit à la retirer sur les instances de ses collègues qui craignaient qu'elle ne provoquât une émeute dans la rue. Pour lui donner une compensation, on créa la fameuse commission du Luxembourg, qui prit le nom de « commission du gouvernement pour les travailleurs », et on lui en confia la présidence. Louis Blanc accepta cette fonction, bien qu'il fût convaincu de son impuissance. Dépourvue de ressources, n'ayant aucun moyen de faire exécuter ses décisions, la Commission ne put faire aboutir aucune réforme. Elle se heurta d'ailleurs au mauvais vouloir de la majorité modérée du Gouvernement provisoire, qui, pour achever de la discréditer, décida la création des ateliers nationaux, que les adversaires de Louis Blanc ont voulu faire passer à tort pour une application de ses théories.

Elu membre de l'Assemblée constituante à Paris et en Corse, il opta pour Paris. Lors de l'attentat du 15 mai, il essaya vainement de calmer le peuple ; il ne réussit qu'à compromettre sa popularité, sans réussir à déraciner les défiances que ses opinions avancées avaient éveillées dans l'esprit de ses collègues. Des amis trop zélés l'enlevèrent sur leurs épaules et lui firent faire ainsi par deux fois le tour de l'Assemblée, triomphe éphémère qui devait lui coûter vingt-deux années d'exil. Une première demande en autorisation de poursuites contre lui fut repoussée à une faible majorité, le 3 juin. Mais à la suite des journées de Juin, la proposition fut reprise, et, dans la nuit du 25 au 26 août, les poursuites furent autorisées par 504 voix contre 252. Grâce à l'aide que lui prêta un député de la droite, Charles d'Aragon, il réussit à quitter la France pour gagner la Belgique et de là l'Angleterre. Dans son audience du 3 avril 1849, la Haute Cour, réunie à Bourges, le condamna par contumace à la peine de la déportation.

L'exil lui permit de reprendre ses travaux littéraires un moment interrompus. Il termina l'*Histoire de la Révolution*, pour laquelle il utilisa les riches collections du « British Museum ». Il signa la protestation contre l'amnistie du 15 août 1849, et préféra l'exil à la domination impériale. Il ne rentra en France qu'après la proclamation de la République.

Le Gouvernement provisoire, comptant sur les relations que Louis Blanc s'était créées en Angleterre pendant l'exil, lui confia la mission d'aller solliciter de M. Gladstone une intervention officieuse en faveur de la France. Mais l'état-major allemand lui refusa un sauf-conduit et il ne put sortir de Paris. Il fit son devoir de citoyen comme simple soldat dans la garde nationale, et, dans divers articles du journal *le Temps*, il critiqua les lenteurs et les atermoiements du gouverneur militaire de Paris. Il refusa de participer au mouvement insurrectionnel du 31 octobre et déclina toute candidature aux élections du 5 novembre.

Elu membre de l'Assemblée nationale, le 8 février 1871, par le département de la Seine, il soutint que l'Assemblée n'avait que le droit de faire la paix ou la guerre, et il se prononça pour la lutte à outrance. « Que faut-il pour nous sauver? disait-il. Il faut la foi, la foi patriotique dans les chefs, entendons-nous, dans les chefs ; il faut cette foi patriotique qui sauva, du temps de Jeanne d'Arc, la vieille France monarchique, et qui, plus tard, sous la Convention, sauva la France républicaine [1] ».

Il blâma la Commune de Paris, et l'intention qu'elle avait de substituer son autorité à celle du pouvoir central. Quand les troupes régulières entrèrent dans Paris, l'incendie des entrepôts de la Villette détruisit son mobilier, sa bibliothèque, ses papiers et le manuscrit d'un ouvrage sur les Salons au xviiie siècle, dont il ne nous reste que quelques fragments.

A l'Assemblée nationale, il siégea à l'extrême gauche. Dans la discussion des lois constitutionnelles, il déclara que la République ne pouvait être mise aux voix. Il refusa de voter la Constitution qu'il trouvait trop peu démocratique et, jusqu'à sa mort, il en demanda la révision. Lors de l'attentat du 16 mai, il fit partie des 363 et fut réélu en même temps qu'eux. En 1876, il avait fondé un nouveau journal l'Homme libre.

En janvier 1879, il présenta et soutint le projet d'amnistie. La clémence, disait-il, est l'apanage des gouvernements forts, et la République est assez solidement établie pour pardonner à des hommes victimes d'un entraînement passager.

A la Chambre des députés, il prit part toutes les discussions importantes, mais il n'eut jamais une grande

1. Séance du 1er mars 1871.

influence. Il se heurtait, en effet, à l'aversion des républi-
cains modérés qui trouvaient ses opinions trop avancées.
D'un autre côté, il n'avait plus la confiance des socialistes,
qui, d'ailleurs, à cette époque, n'avaient qu'un petit nombre de représentants. On ne lui pardonnait pas son atti-
tude à l'égard de la Commune de Paris. Au congrès socialiste qui s'ouvrit à Marseille le 21 octobre 1879, il fut
l'objet de vives attaques. Le citoyen Fournière appelle
Louis Blanc et Victor Hugo des « socialistes bourgeois ».
« En juin 1848, dit-il, Victor Hugo a marché contre les
barricades. Louis Blanc, en 1871, était avec les fusilleurs.
Il a réprouvé le mouvement insurrectionnel et il a traité
publiquement les vaincus de criminels ». Sa doctrine sentimentale n'était plus en rapport avec le collectivisme
scientifique et pratique. Elle aurait eu besoin d'être ra-
jeunie, et Louis Blanc était trop âgé pour renoncer à des
théories qui, ainsi qu'il le disait à l'Assemblée nationale
le 25 août 1848, étaient le but unique de toute sa vie.

Découragé peut-être, et en même temps frappé dans ses
affections les plus chères par la mort de sa femme en
1881, et de son frère Charles en 1882, il mourut à Cannes
le 6 décembre 1882.

LES

THÉORIES SOCIALES

DE Louis BLANC

INTRODUCTION

« La Révolution de 1848 a donné au socialisme
une scène éclatante, dit Louis Blanc, dans sa
brochure sur le *Droit au travail*, elle n'a pas été
son berceau[1] ». Si le terme même de socialisme,
dû à Pierre Leroux, ne remonte pas au delà de
l'année 1838, la doctrine socialiste est aussi vieille
que le monde. Pris dans un sens large, le socialisme a pour but l'amélioration du sort des
malheureux, et sa raison d'être est l'existence de
la misère. Or, jusqu'à ce jour, la prédiction de
l'Evangile a été exacte, et nous avons toujours eu
des pauvres parmi nous. Certains publicistes prétendent que la misère est fatale, et qu'il y aura

---

1. Louis Blanc. *Socialisme, Droit au travail.*

toujours des riches et des pauvres, des heureux et
des malheureux. Aussi il est bien inutile de chercher à détruire complètement le mal ; tout ce que
peut faire le philanthrope, c'est de le diminuer.
C'est une erreur, répondent les socialistes. A l'origine du monde, il n'y avait que des heureux. Tous
les hommes ont été créés égaux en droits. L'inégalité, et, avec elle, la misère, ont été introduites
dans le monde par quelques brigands heureux qui
ont abusé de leur force pour asservir leurs semblables. On ne doit donc pas se montrer satisfait si on
a seulement apaisé les souffrances des malheureux. Ce que demandent les pauvres, ce n'est pas
l'aumône, mais la restitution des droits dont ils
ont été dépouillés par la force et qu'ils reprendront
au besoin par la force.

Sans remonter aux temps anciens, ni à la période
primitive du christianisme, on peut remarquer
qu'en France, le xviiie siècle a été pour le socialisme une période brillante. Le socialisme, doctrine
d'altruisme et de dévouement, devait être en honneur à une époque qui se caractérise par une sen-
timentalité parfois exagérée. Il ne faut donc pas
s'étonner de voir les princes protéger les écrivains
socialistes, dont les doctrines ne tendaient à rien
moins qu'à la destruction de l'ordre social, et les
nobles applaudir avec enthousiasme aux théories

réformatrices. J.-J.-Rousseau est l'hôte de Mme de Warens, et le ministre d'Argenson, grand admirateur de Morelly, appelle le Code de la Nature : le *Livre des Livres*. On a observé que les réformes importantes, en matière sociale ou politique, sont toujours précédées d'un mouvement d'opinion, et que, le plus souvent, elles sont élaborées dans le sein du peuple avant d'être transformées en lois. L'établissement du suffrage universel était demandé depuis longtemps, et c'est pour n'avoir pas voulu écouter les voix du dehors que la monarchie de juillet a sombré en 1848. Aussi, après le mouvement socialiste du siècle, on aurait pu s'attendre à ce que la Révolution de 1789 fût enfin l'avénement de ce régime social fondé sur l'égalité et la fraternité qui devait amener le retour de l'âge d'or. Cependant la Révolution a été au contraire fortement empreinte d'individualisme, et, en organisant la propriété individuelle sur le modèle de la propriété quiritaire romaine, elle a créé un des plus grands obstacles qui s'opposent au triomphe du socialisme.

Il est vrai qu'au XVIIIe siècle les préoccupations politiques étaient beaucoup plus fortes que les préoccupations sociales, et on conçoit facilement que celles-ci aient pu être étouffées dans la tourmente révolutionnaire.

Le socialisme était tout en théorie, et les réformateurs eux-mêmes reconnaissent pour la plupart
l'impossibilité de réaliser leur rêve. Leurs œuvres
expriment plutôt le regret de ce qui n'est plus
que l'espoir de modifier l'état de choses existant.
Morelly a soin de prévenir ses lecteurs que son
plan de réorganisation est inapplicable, et J.-J.
Rousseau reconnaît que l'inégalité des biens est
fatale. Le socialisme se confine dans une élite qui
y trouve une occasion de faire de la littérature
sentimentale, alors fort à la mode ; il reste inconnu
de la foule. Les gens du peuple, généralement
dépourvus d'instruction, restent en dehors du
mouvement. Ils sont persuadés que la conquête
des droits politiques et de la liberté individuelle
suffira pour faire disparaître les iniquités dont ils
souffrent. La classe bourgeoise, plus instruite, a
abusé de cette erreur et elle a organisé la société
nouvelle sur des bases qui lui permettent de progresser sans cesse. Suivant l'expression de Louis
Blanc, elle a fait passer dans la législation le
régime du « laissez-faire », préconisé par Vincent
de Gournay et Turgot, persuadée que c'était là le
système le plus propre à favoriser son essor.

Aujourd'hui, ce régime de liberté et l'application des découvertes de la science à l'industrie ont
profondément modifié les conditions de la vie

économique. D'un côté, la bourgeoisie, qui avait
commencé sa fortune en acquérant à bas prix les
biens nationaux, a largement mis à profit les per-
fectionnements industriels. En possession des
capitaux, aucune machine n'a été trop coûteuse
pour elle, et, réalisant sur la main-d'œuvre des
profits énormes, elle a pu accumuler une fortune
parfois exagérée, tels ces gros banquiers dont
les biens se chiffrent par centaines de millions. De
l'autre, les ouvriers, dont le nombre s'est accru
considérablement sans que leur situation s'amé-
liorât d'une façon aussi sensible, toute proportion
gardée, que celle de la classe bourgeoise. Les
auteurs socialistes prétendent même que leur condition est moins avantageuse que celle qu'ils
avaient avant 1789. Sous l'ancien régime, l'ouvrier était un « artisan », jouissant d'une véritable considération ; l'apprenti était « étudiant ès
mains ». Aujourd'hui, la machine a supprimé
l'apprentissage, et l'ouvrier n'est plus que l'auxi-
liaire d'une force inanimée. L'homme, après avoir
dompté tous les animaux, devient l'esclave de la
matière brute.

La machine, en diminuant la main-d'œuvre,
aurait dû au moins améliorer le sort de la classe
ouvrière. On aurait pu, en conservant le même
nombre d'ouvriers, réduire la durée quotidienne

du travail, sans pour cela diminuer le salaire. Le
profit procuré par l'emploi de l'outillage nouveau
se serait ainsi réparti sur tous les facteurs de la
production. Mais il n'en a pas été ainsi, et le
patron a conservé pour lui tout le profit. « Le
machinisme, dit un écrivain socialiste, qui aurait
dû affranchir les prolétaires du travail exténuant,
n'a fait que river leur chaîne de misère, de servitude et d'insécurité [1] ». Le travail d'autrefois
exigeait un long apprentissage, il n'admettait que
des hommes valides. Aujourd'hui, la machine a
supprimé l'effort physique, et souvent aussi l'effort
intellectuel, et on voit les enfants et les femmes
venir à l'usine pour disputer à leur père et à leur
mari son maigre salaire.

Ces effets ont commencé à se faire sentir après
1830, lorsque la bourgeoisie, un moment effacée
par les tendances absolutistes et aristocratiques
des Bourbons, eut enfin repris le pouvoir en pla-
çant sur le trône, avec l'aide du peuple, un monarque de son choix. A ce moment, l'outillage industriel finit de se transformer. La bourgeoisie
triomphante se sépare du peuple avec qui elle
avait combattu pour la liberté contre la monarchie
absolue. Les crises économiques sont fréquentes.

1. B. Malon. *Le socialisme intégral*, tome I⁰ʳ.

Le moteur mécanique condamne au chômage un grand nombre d'ouvriers que le champ encore restreint de la production ne permet pas d'employer ailleurs. M. Paul Leroy-Beaulieu a fort bien caractérisé cette époque qu'il appelle : « la période chaotique de la grande industrie [1] ». De là ces émeutes fréquentes sous le gouvernement de Juillet, véritables insurrections de la faim, révoltes de malheureux affamés qui demandaient du travail et du pain, comme ces ouvriers de Lyon qui avaient inscrit sur leur drapeau cette devise : « Vivre en travaillant ou mourir en combattant ».

Le socialisme suit les changements qui se produisent dans l'ordre économique. Le communisme des temps anciens et du XVIIIe siècle, d'une application possible chez des peuples agricoles et peu nombreux, ne peut se concevoir dans nos grandes nations modernes, essentiellement industrielles.

Aussi il disparaît et fait place à de nouveaux plans de réforme où la prépondérance appartient à l'industrie [2]. Fourier, qui est mort en 1835, fait encore de l'agriculture la base du travail phalanstérien, les arts ne devant venir qu'à titre de

---

1. P. Leroy-Beaulieu. *Principes d'Économie politique.*

2. On trouve cependant encore au XIXe siècle un communiste, Cabet, disciple de Buonarotti et de Babeuf. Cabet fonda aux Etats-Unis une société communiste, l'*Icarie*, qui existe encore.

complément. Mais ses disciples, Just Muiron, Victor Considérant et Godin, le fondateur du familistère de Guise, ont profondément modifié la doctrine du maître sur ce point. Saint-Simon, après un appel inutile aux savants [1], prend pour devise : « tout par et pour l'industrie ». Le mouvement s'accentue avec l'école Saint-Simonienne et avec cette pléiade de réformateurs dont les revendications provoquèrent la Révolution de 1848, et parmi lesquels on peut citer Buchez, le fondateur de la première société coopérative de production en France, l'association des bijoutiers en doré, Pierre Leroux, Vidal, Constantin Pecqueur.

C'est à cette époque que se place Louis Blanc, dont l'ouvrage sur l'*Organisation du travail* parut en 1839. Avec lui, le collectivisme fait un grand pas. Sans doute, avant lui, Constantin Pecqueur avait déjà ouvert la voie avec son livre intitulé : « *Economie sociale des intérêts du commerce et de l'industrie et de la civilisation en général, sous les applications de la vapeur* ». Dans ce travail, qui fut couronné par l'Académie des sciences morales et politiques en 1838, sur la proposition d'Adolphe Blanqui, Pecqueur concluait à la nécessité de la socialisation graduelle des

1. Lettres d'un habitant de Genève à ses contemporains.

capitaux productifs, au moyen d'associations
ouvrières, sous le contrôle de l'Etat, qui recevrait
une redevance pour prix de ses services. Mais
Louis Blanc à eu sur le peuple une influence
beaucoup plus considérable. Ses idées étaient
exprimées dans un style vif et concis, et il excelle
dans les tableaux à sensation, de nature à frapper
l'esprit des foules. Il a eu une période de popularité immense, et, lorsque la Révolution de 1848
l'eut porté au faîte du pouvoir, la majorité du gouvernement provisoire, qui ne partageait pas ses
opinions avancées, dut compter avec lui par
crainte d'un soulèvement populaire. Pendant quelques semaines, il fut véritablement l'idole du peuple de Paris, et, s'il n'abusa point de son autorité
pour usurper la dictature, c'est qu'il manqua
d'audace, ou peut-être parce qu'un tel moyen répu-
gnait à la franchise de son caractère.

Mais si la puissance politique de Louis Blanc a
été éphémère, il n'en a pas été de même de son
influence sur les doctrines socialistes, et certains
réformateurs de l'époque postérieure lui ont
emprunté ses idées principales. Avec lui on entre-
voit déjà nettement le but final du socialisme
moderne, la constitution d'unités économiques
indépendantes, libres de toute obligation vis-à-
vis du capital et de la propriété. Il n'y aura qu'à

changer la loi de répartition pour la rendre plus
conforme au caractère égoïste de l'homme et à
rompre ses attaches avec le communisme sentimental et utopique. Louis Blanc fait encore appel
au sentiment et à l'équité, Karl Marx et Lassalle
s'appuieront uniquement sur la science et la justice.

Le socialisme moderne, s'appuyant sur les
théories de l'Economie politique, dira que le capital n'est que du travail non payé de l'ouvrier.
D'après Karl Marx, cinq à six heures par jour
suffisent à un homme pour produire l'équivalent
de son salaire ; c'est ce qu'il appelle le travail
nécessaire. Pendant le reste de la journée, il produit de la plus-value (mehrwerth) au profit de ceux
qui l'emploient. C'est une souveraine injustice
qu'il s'agit de réparer, et le but du socialisme doit
être de procurer à l'ouvrier la jouissance du produit intégral de son travail.

Louis Blanc, comme d'ailleurs les réformateurs
de son époque, ne va pas jusque là. Il n'insiste pas
sur la différence qui existe, dans l'ordre social
actuel, entre la valeur du produit du travail et le
salaire payé à l'ouvrier. Le droit au produit intégral du travail implique nécessairement la disparition du revenu indépendant du travail ; il ne
peut exister concurremment avec la propriété pri-

vée [1]. Louis Blanc, ainsi que nous le verrons dans la suite, n'est pas partisan du prêt à intérêt ; cependant il le considère comme une nécessité absolue dans la société telle qu'elle est organisée actuellement. Il pense seulement que tout homme a un droit à la vie qu'il acquiert en naissant ; ce droit n'a pas d'autres limites que les besoins de chacun, et la base de son système de réformes, c'est que tout homme doit produire selon ses forces et consommer suivant ses besoins. Par suite, le fondement de la nouvelle organisation sociale, ce n'est pas le droit au produit intégral du travail, mais le droit à l'existence, et, au lieu d'établir sa doctrine sur la science et l'économie politique, il s'inspire exclusivement de la fraternité et de la solidarité humaines.

1. C'est ce que les Allemands appellent : « *das arbeitslose einkommen* ».

CHAPITRE PREMIER

Le droit à l'assistance. — Le droit au travail.

La société, dit Louis Blanc, a été constituée pour l'utilité commune de tous les hommes, et une conséquence de ce principe, c'est qu'elle doit assurer à chacun le libre exercice du droit à la vie qui lui appartient par le seul fait de sa naissance. « La société, dit-il, doit à chacun de ses membres, et l'instruction sans laquelle l'esprit humain ne peut se déployer, et les instruments de travail, sans lesquels l'activité humaine ne peut se donner carrière. Suivant une admirable parole de Turgot, le soulagement de ceux qui souffrent doit être le devoir de tous et l'affaire de tous. »[1] C'est pour cela que dans son plan d'organisation du travail il prélèvera sur les bénéfices de l'atelier social une part destinée à constituer un fonds de secours

---

1. Conférence du lac Saint-Fargeau, 26 octobre 1879.

pour venir en aide aux malades et aux infirmes.

Le droit à l'existence est une conséquence du principe de la répartition proportionnelle aux besoins. Parmi les besoins en effet, les plus importants sont certainement les besoins d'existence, parce que ce sont ceux dont la satisfaction assure la conservation de l'individu. Ils varient d'ailleurs avec l'âge des individus. Chez les enfants, ils sont limités à la conservation et à l'éducation ; l'adulte peut exiger une suffisante vie en échange d'un travail équivalent ; enfin les personnes qui, à cause de leur grand âge, de la maladie ou d'autres infirmités sont incapables de travailler, ont droit à l'assistance. Mais quelle que soit l'étendue qu'on leur accorde, leur satisfaction est un droit pour l'individu, et ce droit correspond à un devoir social.

Pour Louis Blanc, le droit à l'assistance et le droit au travail sont inséparables, et il prétend avec raison que, si l'on admet le premier, on ne peut repousser le second. « Admettre le droit à l'assistance et nier le droit au travail, c'est reconnaître à l'homme le droit de vivre improductivement quand on ne lui reconnaît pas celui de vivre productivement ; c'est consacrer son existence comme charge quand on refuse de la consacrer comme emploi, ce qui est d'une remarquable absurdité. De deux choses l'une, ou le droit à l'assistance est un mot vide de sens, ou le droit au travail est incontestable[1]. » Le droit au travail est également la conséquence du droit de propriété. Tout ce qui existe, dit-il est possédé : terres, fabriques, usines, instruments de travail, tout a un propriétaire. Le malheureux prolétaire qui vient au monde absolument dénué de tout, ne peut vivre que du produit de la propriété d'autrui. Il n'aura d'autre ressource que de louer ses bras à celui qui, maître des capitaux, peut les occuper. Le propriétaire est maître absolu de son bien ; il est libre de laisser ses capitaux improductifs et, par suite, de refuser du travail aux ouvriers. Voilà donc des malheureux condamnés à mourir de faim, bien qu'ils aient droit à l'existence.

Louis Blanc fait d'ailleurs une distinction entre le droit de travailler et le droit à travailler. Le premier, c'est le droit pour tous les citoyens de travailler de leurs bras, de leur intelligence, d'exercer leur industrie, leur profession, conformément à leur aptitude, à leur capacité, à leur goût, à leurs facultés, à leurs moyens. C'est simplement la liberté du travail, ou encore le droit du travail que Turgot proclamait dans ses édits de

1. *Socialisme. Droit au travail.*

1776. « Dieu, disait-il dans l'exposé des motifs de l'édit du 12 mars 1776, en donnant à l'homme des besoins, en lui rendant nécessaire la ressource du travail, a fait du droit de travailler la propriété de tout homme, et cette propriété est la première, la plus sacrée et la plus imprescriptible de toutes. » Mais il voulait seulement que le travail fût affranchi des entraves qui pesaient sur lui, c'est-à-dire la suppression des corporations, des jurandes et des maîtrises. Turgot, dit Louis Blanc, proclama le droit de travailler. Et ce sera un de ses titres d'honneur d'avoir mis le travail au nombre des propriétés imprescriptibles avant la chute définitive d'un régime où l'on avait osé faire du travail un privilège domanial et royal. Mais il n'alla pas jusqu'à reconnaître le droit à travailler. « Il entendait bien qu'on supprimât les obstacles qui peuvent naître de l'action de l'autorité, mais il n'imposait pas à l'Etat l'obligation de servir de tuteur aux pauvres, aux faibles, aux ignorants [1]. »

La Révolution de 1789, dominée par les idées des philosophes du xviiie siècle et des économistes de l'école Turgot et de Quesnay, n'alla pas plus loin dans la même voie et se borna à proclamer le droit de travailler. C'est en vain, dit Louis

1. *Histoire de la Révolution*, I, 456.

Blanc, que dans la séance du 3 août 1789 « Malouet adjura ses collègues d'aviser au sort des ouvriers, d'ouvrir des bureaux de charité, d'établir
des ateliers de travail » ; sa voix ne fut pas écou-
tée et on passa outre [1]. Plus tard, sous la Convention, les Montagnards reprirent la proposition, et,
plus heureux, réussirent à faire proclamer le droit
au travail. L'article 21 de la déclaration des droits
qui précède la Constitution de 1793, rédigé par
Hérault de Séchelles, est en effet ainsi conçu : « Les
secours publics sont une dette sacrée. La société
doit la subsistance aux citoyens malheureux, soit
en leur procurant du travail, soit en assurant des
moyens d'exister à ceux qui sont hors d'état de
travailler. » [2] Ce ne fut qu'une formule déclama-
toire et vague, qui disparut avec son auteur dans
le tumulte de la Révolution. On se borna à affranchir le travail de tous les règlements dont l'avait
entouré le mercantilisme de l'ancien régime ; la
route fut déblayée, mais on ne s'inquiéta pas de
savoir si tous les coureurs avaient les mêmes
moyens. « En abolissant la féodalité, en faisant
justice des corporations privilégiées, en détrui-
sant les jurandes et les maîtrises, la Révolution
de 1789 déblaya — ce sera sa gloire éternelle —

1. *Histoire de la Révolution*, II, 419.
2. Ibid., IX, p. 6.

la route de la liberté ; mais elle laissa sans solution
la question, très importante pourtant, de savoir si
beaucoup de ceux qui étaient à l'entrée de la
route n'étaient pas condamnés par les circonstances du point de départ à l'impuissance de la
parcourir. [1] »

Après la Révolution les anciens Jacobins éprou-
vèrent une profonde déception en constatant l'insuffisance de l'égalité juridique pour la conquête
de laquelle on avait versé tant de sang. Et c'est
une des causes qui contribuèrent, au cours du
xixᵉ siècle, au développement du socialisme qui a
précisément pour but la conquête de l'égalité
réelle. Beaucoup de socialistes, et Louis Blanc
lui-même, avaient cru que ce résultat serait atteint
d'abord par la Révolution de 1830, puis par celle
de 1848. C'est vers ce but que tend toute la littérature socialiste du début du xixᵉ siècle. Le droit,
en effet, dit Louis Blanc, n'est rien sans le pouvoir de l'exercer. « Qu'importe au malade qu'on
ne guérit pas le droit d'être guéri ? [2] » Qu'importe
d'avoir la faculté de travailler si on ne trouve pas à
exercer son activité ! « Que servait de crier au prolétaire : « Tu as le droit de travailler », quand il
avait à répondre : « Comment voulez-vous que je

1. Assemblée nationale, séance du 6 mars 1872.
2. *Organisation du travail*, p. 19.

profite de ce droit ? Je ne puis semer la terre
pour mon compte : en naissant je la trouve occu-
pée. Je ne puis me livrer à la chasse et à la pêche :
c'est un privilège de propriétaire. Je ne puis cueil-
lir les fruits que la main de Dieu fit mûrir sur le
passage des hommes : ils ont été appropriés comme
le sol. Je ne puis couper le bois, extraire le fer,
instruments nécessaires de mon activité : grâce à
des conventions auxquelles on ne m'appela point,
ces richesses que la nature semblait avoir créées
pour tous sont devenues le partage et le patrimoine de quelques-uns. Je ne saurais donc travailler sans subir les conditions que vont me
faire les détenteurs des instruments de travail,
Si, en vertu de ce que vous nommez la liberté des
contrats, ces conditions sont dures à l'excès ; si
l'on exige que je vende mon corps et mon âme ;
si rien ne me protège contre le malheur de ma
situation ; ou même si, n'ayant pas besoin de moi,
les distributeurs de travail me repoussent,... que
vais-je devenir ?... Le droit de travailler me paraî-
tra-t-il un don bien précieux, lorsqu'il me faudra
mourir d'impuissance et de désespoir au sein de
mon droit[1]. » Il ne suffit pas d'accorder à l'ouvrier le droit de subvenir à son existence par son

1. *Histoire de la Révolution*, tome I, p. 457.

travail, il faut encore lui donner le pouvoir de le
faire ; et, pour cela il faut lui reconnaître le droit
d'exiger de la société les choses indispensables à
la conservation de la vie en échange d'un travail
équivalent.

L'exercice du droit au travail peut se concevoir
de deux façons différentes. Dans un premier système, la société fournirait à l'individu, à titre de
prêt, l'instrument de travail. Le capital serait
ainsi pour l'ouvrier un simple moyen de travailler qui ne serait pas susceptible d'appropriation
individuelle. Il resterait la propriété commune de
la société, et l'ouvrier n'en aurait que la possession précaire. La société, représentée par le gouvernement au pouvoir, ferait l'acquisition d'usines
ou d'entreprises privées, et les ferait exploiter
par ses membres entre lesquels elle répartirait
elle-même les bénéfices, le capital social étant et
devant rester inaliénable. Ce mode d'organisation
du travail est la base du collectivisme moderne.

Dans un autre système, l'ouvrier devient propriétaire du capital productif indivisément avec
tous les autres membres du corps social. Le droit
au travail se réalise au moyen d'associations de
travailleurs contrôlées par l'Etat et commanditées
par lui. Chaque associé conserve le droit de se
retirer en emportant sa part de l'actif social. C'est

le système des réformateurs de la première moitié du XIXᵉ siècle, notamment de Louis Blanc.

La formule « droit au travail » a été employée pour la première fois par Fourier, qui, dans sa *Théorie de l'Unité universelle*, écrit que c'est le premier des droits naturels de l'homme. Bien que Louis Blanc n'emploie pas la formule même « droit au travail », dans son livre sur « *l'Organisation du travail* », il a cependant toujours été partisan de l'exercice de ce droit[1]. Aussi, dès que les événements politiques l'eurent porté au pouvoir, il se hâta de profiter de la pression du peuple victorieux pour faire décréter le droit au travail par le Gouvernement provisoire. Le 26 février, la proclamation suivante était insérée au *Moniteur Officiel* :

« Le gouvernement provisoire de la République « française s'engage à garantir l'existence de l'ou« vrier par le travail.

« Il s'engage à garantir du travail à tous les « citoyens.

« Il reconnaît que tous les ouvriers doivent « s'associer entre eux pour jouir du bénéfice légi« time de leur travail ».

Cette proclamation, où l'on retrouve l'inspira-

---

1. Louis Blanc donne toujours au gouvernement le conseil suivant : « Assurez du travail » ; mais jamais, avant 1848, il n'emploie la formule « droit au travail ».

tion de Louis Blanc, surtout dans le dernier paragraphe relatif aux associations de travailleurs, ne
fut suivie d'aucun effet. Car, ainsi que nous le
verrons dans la suite, il ne faut pas considérer
comme une application du droit au travail les
ateliers nationaux créés par le Gouvernement provisoire. Dans la pensée de la plupart des socialistes, en effet, l'Etat ne doit pas employer les
ouvriers à un travail quelconque, mais il doit les
occuper suivant leurs aptitudes, et surtout suivant leurs goûts. C'est la théorie de Louis Blanc,
qui demande que les travailleurs soient organisés
en associations dont chacune comprendra un certain nombre d'ouvriers appartenant au même
corps de métier. Or, dans les ateliers nationaux,
tous les citoyens enrôlés étaient occupés indistinc-
tement à des ouvrages de terrassement, et on peut
dire que c'était plutôt des ateliers de charité que
l'application du droit au travail tel que le conçoi-
vent les socialistes. L'article 7 de la Constitution
de 1848 n'eut pas un meilleur sort que la proclamation du 26 février, et aucune mesure ne fut
prise pour assurer son application. Cet article
était ainsi conçu : « Le droit au travail est celui
qu'a tout homme de vivre en travaillant. La
société doit, par les moyens généraux et productifs dont elle dispose et qui seront organisés ulté-

rieurement, fournir du travail aux hommes valides qui ne peuvent s'en procurer autrement ». Dans la pensée des rédacteurs de la Constitution, cet article avait été écrit pour donner satisfaction, au moins en apparence, au parti socialiste, mais ils pensaient bien qu'il ne sortirait jamais du domaine de la théorie. Il fut en effet adopté dans le comité de constitution sur la proposition d'Armand Marrast, adversaire acharné de Louis Blanc et du socialisme, qui prétendait que la reconnaissance du droit au travail était indispensable pour ramener à la République les travailleurs manuels qui commençaient à s'en éloigner.

Ainsi, bien que le droit au travail ait été inscrit plus d'une fois chez nous dans les pactes constitutionnels, il n'a été mis en pratique à aucune époque. Les ateliers de charité établis en France au xvie siècle, les ateliers de secours de Turgot, les chantiers établis en 1789 sur la butte Montmartre, ne furent nullement l'application de ce droit. Il en a été de même à l'étranger, et ce n'est pas la théorie du droit au travail qui a inspiré les workhouses anglaises et les colonies hollandaises de Frédéricsord et de Veenhuisen. Toutes ces institutions sont surtout des œuvres d'assistance.

Le droit à l'assistance est d'ailleurs inséparable du droit au travail, et il doit s'exercer concurrem-

ment avec lui ; il a pour objet de porter secours à
ceux que le grand âge, la maladie ou les infirmités
empêchent de travailler. Louis Blanc estime que
le droit à l'assistance est aussi indispensable que
le droit au travail. Cependant la charité officielle
ne lui inspire pas beaucoup de confiance. Il a vu
de près le fonctionnement de ce régime pendant
son séjour en Angleterre et il a été frappé des
inconvénients qu'il présente.

En Angleterre, dit-il, l'assistance par l'Etat
remonte à une origine fort ancienne. La reine
Elisabeth, parcourant ses Etats, fut frappée de la
grande misère de ses sujets. « De là, en 1601, l'acte
fameux qui posait ce principe qu'une société
doit à ses membres du travail ou du pain ». Il
confiait au marguiller, dans chaque paroisse, le
soin de fournir au pauvre valide les matières premières nécessaires à l'exercice de sa profession.
Depuis cette époque, l'assistance officielle a toujours existé en Angleterre ; les formes seules ont
varié très souvent. On y subvient par la taxe des
pauvres (poor rate), qui, depuis 1601, n'a pas
cessé de figurer au budget.

En 1795, une famine provoqua une cherté
excessive du prix du blé. La misère des ouvriers
fut extrême. Pour y remédier, on fixa un minimum
au-dessous duquel le salaire ne pourrait descen-

dre. Les magistrats de chaque paroisse furent invités à le compléter avec l'aide des ressources fournies par la taxe des pauvres, toutes les fois que le chiffre fixé n'était pas atteint. Ce fut le système des secours à domicile (allowance system).

Des abus nombreux ne tardèrent pas à se produire. Souvent l'ouvrier préférait le maigre salaire qu'il gagnait dans sa paroisse au travail rémunérateur qu'il aurait pu obtenir dans une paroisse voisine. Les patrons eux-mêmes exploitaient la situation et ils menaçaient de fermer leur usine si on ne secourait pas les ouvriers. La taxe des pauvres, qui suppléait à l'insuffisance du salaire, leur permettait de payer les ouvriers moins cher. Aussi elle quadrupla en l'espace de cinquante ans, et, en 1833, elle atteignait huit millions de livres sterling.

Pour enrayer cet accroissement des charges publiques, on promulgua une nouvelle loi des pauvres qui reçut la sanction royale le 14 août 1834. Cette loi proclame de nouveau le droit à l'assistance, mais elle en règlemente l'exercice. Elle supprime les secours à domicile et décide que l'indigent ne sera plus secouru que dans les maisons de travail (workhouses). Les workhouses avaient été créés en 1722 par un acte connu sous le nom d'Acte de sir Edouard Knatchbull. La loi

3

nouvelle réunit plusieurs paroisses pour former l'Union, et elle confie l'administration de la taxe des pauvres pour cette nouvelle circonscription à un « bureau de gardiens » élu par les contribuables. Enfin elle crée une commission centrale, véritable ministère des pauvres, qui réside à Sommerset-House.

Le but de cette loi était de réfréner le paupérisme en lui faisant peur. Le workhouse était pour l'homme valide un véritable bagne. La nourriture consistait en une bouillie d'avoine, et l'homme qui y entrait devait dire adieu à tous les siens. Quand il en sortait, il était marqué du sceau d'infamie et il ne trouvait plus à s'occuper nulle part.

La loi ne put être appliquée dans toute sa rigueur, et la misère ne fut pas atténuée. On dut bientôt revenir au système des secours à domicile, et, en 1874, le montant total de la taxe des pauvres pour l'Angleterre et le pays de Galles était de 192,263,475 francs [1].

Ce système, dit avec raison Louis Blanc, abaisse le niveau moral de l'ouvrier et lui apprend à ne plus rougir. « La taxe des pauvres qui ne devait

---

1. Conférence du 25 mars 1877, au profit des ouvriers lyonnais.

servir qu'à suppléer au manque de travail servit à
alimenter la paresse ; le pain de l'aumône tendit
de plus en plus à dégrader les malheureux que
l'aumône seule nourrissait [1] ». L'assistance est
bonne pour les vieillards et les infirmes, mais
pour les hommes valides, qui ne demandent qu'à
travailler pour vivre, elle est une injure. Il ne faut
pas faire l'aumône aux gens, mais plutôt les mettre
en état de s'en passer. « Le peuple admet parfai-
tement des hospices pour les vieillards, des hôpi-
taux pour les malades, Bicêtre pour les fous ; mais
ce qu'il n'admet pas, c'est qu'on abaisse au rôle
de mendiants des hommes sains de corps et d'esprit et qui ne demandent qu'à gagner honnêtement leur vie. A qui se sent capable de se suffire,
le secours est une offense [2] ».

L'assistance officielle tarit les sources de la
charité privée. En Angleterre, on va même jusqu'à infliger une amende à l'homme qui fait
l'aumône. L'amende étant attribuée au dénoncia-
teur, on voit parfois le mendiant qui vient d'être
secouru courir dénoncer son bienfaiteur. Louis
Blanc cite un fait qui met bien en lumière cet état
de choses : « Un jour, dit-il, c'était par un hiver

1. Conférence du 25 mars 1877.
2. *Socialisme. Droit au Travail.*

rigoureux, un riche Australien tout frais débarqué
à Londres y rencontra, pleurant et sanglotant
dans ses haillons, une petite fille jolie comme un
ange. Ému de pitié, il mit dans la main que la
pauvre enfant lui tendait quelques pièces de
monnaie, s'éloigna le cœur gros, et, rentré chez
lui, écrivit au *Times* une lettre dans laquelle
il s'étonnait de tant de misère côtoyant tant d'o-
pulence et demandait pourquoi on n'envoyait
pas ces misérables créatures dans le pays qu'il
venait de quitter et où elles étaient à peu près
sûres de ne pas manquer du nécessaire. Le lendemain, une réponse parut dans le *Times*, signée
d'un nom honorablement connu. Elle était amère,
elle était violente. On y reprochait à l'Australien
d'avoir commis presque une mauvaise action, en
oubliant que l'existence de la charité légale dans
un pays ôte toute excuse à la compassion du
passant [1] ».

En France, nous avons le système des secours
à domicile par les bureaux de bienfaisance et, en
outre, les services hospitaliers. Ainsi, l'assistance
officielle existe en fait, bien qu'elle ne soit prévue
et organisée par aucune loi.

L'assistance, qu'elle soit laissée à l'initiative

---

[1]. Conférence du 25 mars 1877.

privée ou qu'elle soit confiée aux pouvoirs publics, est certainement impuissante à réparer les injustices de la fortune. Louis Blanc a raison de s'en défier et de n'y voir qu'un palliatif insuffisant pour supprimer la misère. Beaucoup de pauvres, en effet, ne seront pas secourus. Les pauvres honteux, qui sont souvent les plus dignes d'intérêt, n'osent pas demander des secours, et la répartition ne pourra être faite équitablement. C'est peut-être pour cela que la charité n'a jamais été organisée en France par la loi. Cependant, plusieurs Constitutions, depuis 1789, ont reconnu le droit à l'assistance. Le décret du 28 juin 1793 s'occupait même de l'organisation des secours, mais il ne fut jamais exécuté. L'Assemblée Constituante, sur la proposition de Malouet, avait nommé un comité pour l'extinction de la mendicité. Le rapporteur, le duc de Larochefoucauld-Liancourt, déclare que l'assistance des pauvres est une charge nationale, mais il reconnaît qu'elle est difficile à exercer. « Le législateur, dit-il, continuellement placé entre la crainte de ne donner qu'une assistance incomplète et de laisser ainsi des malheureux sans secours ou sans la masse de secours qui leur est nécessaire, et la crainte d'accroître, par une assistance trop entière, le nombre de ceux qui voudraient être assistés, et,

par conséquent, l'oisiveté et la fainéantise, doit
éviter soigneusement ces deux écueils. Ils se tou-
chent de bien près. Insuffisance de secours, c'est
cruauté, barbarie, manquement essentiel aux devoirs les plus sacrés. Assistance superflue, c'est
destruction des mœurs, de l'amour du travail,
c'est désordre, c'est injustice enfin, puisque c'est
emploi des fonds publics par delà l'exacte nécessité ». L'expérience d'un siècle vient prouver que
ces craintes étaient fondées, et il n'est que trop
vrai que l'assistance publique ne répartit pas toujours équitablement les secours. La tâche est
difficile et certaines erreurs sont inévitables. La
charité publique ou privée soulage bien des infor-
tunes ; son rôle se borne là. Mais loin de supprimer la misère, elle tend plutôt à la perpétuer,
car elle est un encouragement à l'imprévoyance.
L'ouvrier, comptant sur l'hôpital en cas de
maladie et sur l'asile pour le temps où il ne
pourra plus travailler, vit au jour le jour et ne
songe pas à épargner.

Il en sera ainsi de tous les moyens employés,
et, à moins d'une transformation sociale difficile
à prévoir et encore plus difficile à réaliser, on
ne pourra arriver à supprimer complètement
la misère. Mais s'il est impossible de détruire
le mal, on peut au moins tenter de réduire son

domaine, et la société doit tendre constamment
vers ce but. « De quel droit affirmer, dit Louis
Blanc, que c'est seulement le tiers, le quart,
le cinquième du mal résultant de la misère qu'il
est donné au genre humain et à la science de détruire? De quel droit marquer sur la route du
progrès la limite qu'il est permis à l'homme d'atteindre et qu'il ne lui est pas permis de dépasser ?[1] » Il ne faut donc jamais se montrer satisfait
des résultats obtenus et ne pas craindre d'expérimenter toujours de nouveaux moyens.

L'assurance sociale serait un moyen bien préférable à l'assistance telle qu'elle est organisée
actuellement dans la plupart des États. Elle suppose l'existence d'un fonds de secours à la constitution duquel l'ouvrier ne peut rester complètement étranger, et elle permet ainsi de discerner
facilement l'homme laborieux, victime de circonstances difficiles, du paresseux qui est peu digne
d'intérêt. De plus, l'ouvrier concourant lui-même
à la constitution du fonds aurait un droit à être
secouru et il n'aurait plus à rougir comme s'il
recevait une aumône.

Ce système a été proposé il y cinquante ans par
Vidal, Constantin Pecqueur et Emile de Girardin.

---

1. Assemblée nationale, séance du 6 mars 1872.

Il figure encore aujourd'hui dans la plupart des programmes socialistes. Il fait partie des réformes demandées par Louis Blanc. « Les institutions de garantie, dit-il, ont par essence un caractère social, et au premier rang de ces institutions figurent les assurances ». Bien qu'il soit partisan du monopole des assurances entre les mains de l'État, il se contenterait, comme transition, de l'assurance facultative, en concurrence avec les compagnies. « Mais que chaque citoyen soit libre de préférer l'assurance par l'État à l'assurance par les particuliers quand il croira y trouver complément de sécurité ou économie [1] ».

Aujourd'hui, on peut signaler une tendance à donner satisfaction aux réclamations socialistes sur ce point. En France, depuis quelques années, le législateur s'est avancé hardiment dans cette voie. C'est ainsi que la loi du 9 avril 1898 a eu pour objet de remédier à la situation précaire des ouvriers ou employés victimes d'accidents dans l'exercice de leur profession. Déjà quelques années auparavant la loi du 29 juin 1894 avait organisé des caisses de retraites et de secours dans les mines. Enfin, on voit de toutes parts les ouvriers de chaque corps de métier reconstituer les ancien-

1. Conférence du lac Saint-Fargeau, 26 octobre 1879.

nes corporations dans ce qu'elles avaient de bon
et s'organiser en sociétés de secours mutuels.

Le plus grand obstacle que rencontre l'assurance obligatoire, c'est la difficulté de constituer
le fonds de secours et de l'administrer. Il est de
toute équité que l'ouvrier y contribue au moyen
de prélèvements opérés sur son salaire. La loi de
1894 constitue les caisses des retraites dans les
mines par une retenue de 4 p. 100 sur le salaire
mensuel de l'ouvrier, dont 2 p. 100 peuvent être
mis à sa charge, le surplus incombant au patron.
La loi de 1898 laisse l'indemnité à payer aux victimes d'accidents du travail entièrement à la
charge de l'employeur ; mais il est facile à celui-ci
de rentrer dans ses déboursés en payant son personnel moins cher. Et lorsque la loi a commencé
à fonctionner, plusieurs grèves furent provoquées
par ce fait que les patrons retenaient sur le salaire
des ouvriers le montant des primes d'assurances
qu'ils payaient aux compagnies. Il faut remarquer, d'ailleurs, que l'assurance par l'Etat n'est
pas obligatoire ; l'assuré peut s'adresser à une
compagnie privée et c'est ce qui se produira le
plus souvent, les tarifs de l'Etat étant sensible-
ment plus élevés et beaucoup moins élastiques
que ceux des compagnies.

Le législateur a été retenu par la crainte que le

monopole des assurances ne fût pour l'État une charge trop lourde. Créer de nouveaux impôts ou augmenter ceux qui existent déjà serait remplacer un mal par un autre. Les socialistes prétendent trouver des ressources suffisantes dans une élévation des droits de succession. Quelques-uns vont même plus loin, et ils demandent que l'Etat reprenne l'exploitation de tous les monopoles concédés à des particuliers. C'est ainsi que Louis Blanc propose la formation d'un budget des travailleurs, destiné à secourir les ouvriers en cas d'accident ou de maladie, et à leur assurer une retraite lorsqu'ils auront un âge avancé. Ce budget serait alimenté par les ressources provenant du rachat des chemins de fer et des mines, la transformation de la Banque de France en Banque nationale et la centralisation des assurances [1]. C'est là, dit-il, le seul moyen de supprimer le paupérisme, mais « par je ne sais quelle imbécile frayeur de toute chose nouvelle, on semble prendre racine dans la douleur et dans le mal ».

Sans procéder à une réforme aussi complète, qui pourrait effrayer bien des esprits parce qu'elle réaliserait presque entièrement le rêve du collectivisme, on peut très bien admettre que l'Etat

---

1. Conférence du lac Saint-Fargeau, 26 octobre 1879.

décrète l'assurance obligatoire et qu'il s'en réserve le monopole. Les assurés auraient ainsi une garantie qu'ils ne trouvent pas auprès des sociétés privées sujettes à tomber en faillite. Il serait facile à l'Etat d'abaisser le taux des primes, car il n'aurait pas à réaliser les bénéfices énormes dont profitent les actionnaires des grandes compagnies.

CHAPITRE II

**La concurrence et l'ouvrier. — Le salaire. —
La misère. — Les systèmes pénitentiaires. —
Les caisses d'épargne.**

On a souvent reproché aux socialistes leur
matérialisme. On a dit qu'ils cherchaient à flatter
les appétits grossiers de la multitude. Quelques-
uns le reconnaissent et s'en glorifient, et ils prétendent que la question sociale n'est qu'une question de salaires, ou, suivant une expression un
peu triviale de Lassalle, une « question de ventre ».
Le socialisme trouve en effet sa raison d'être dans
la misère qui accable une certaine classe de la
société, composée en majeure partie de salariés.
Cette classe n'a pas d'autre moyen d'existence que
le prix de son travail et c'est parce qu'il est insuffisant qu'elle est misérable. Les efforts des réformateurs doivent donc tendre à améliorer le sort
de la classe pauvre par une élévation du taux des

salaires, à moins qu'ils n'arrivent à le supprimer complètement pour le remplacer par un mode de rémunération plus avantageux pour le travailleur et en même temps plus équitable.

L'insuffisance du salaire n'avait pas été sans frapper les économistes. Adam Smith, dans son ouvrage fameux « *Recherches sur la nature et les causes de la richesse des nations* », faisait remarquer que le taux du salaire dépend du rapport qui existe entre le nombre des ouvriers cherchant un emploi et la somme des capitaux destinés à rémunérer le travail. C'est la théorie du fonds des salaires, connue sous le nom anglais de *wage fund,* qui est à peine esquissée par Adam Smith et qui sera reprise et développée par ses disciples, notamment par John Stuart Mill. Louis Blanc adopte cette théorie et il en tire toutes ses conséquences. « L'effet naturel de la concurrence illimitée, dit-il, est de faire dépendre le salaire de la proportion qui existe entre le nombre des ouvriers à employer et cette portion de la richesse qui, sous le nom de capital, sert à acheter le travail[1] ». Ainsi, sous le régime actuel, le travail est une marchandise, qui obéit comme les autres à la loi commune des échanges, la loi de l'offre et de la

1. *Histoire de la Révolution*, livre XIII, chap. IV.

demande. C'est un mal qui ne devrait pas exister, car cette théorie est inconciliable avec « le bien-être général, les droits légitimes du travail et la justice ». La concurrence qui produit de tels résultats ne tient pas compte de la liberté de l'individu qui est un droit naturel, et elle fait dépendre le sort de l'ouvrier de circonstances tout à fait indépendantes de sa volonté. Il n'est pas au pouvoir de l'ouvrier d'empêcher l'augmentation du chiffre de la population ou de provoquer l'accroissement du capital national.

Ce résultat est inévitable dans tout pays soumis au régime de la concurrence. Il ne s'en suit pas qu'il soit fatal et qu'un autre régime ne puisse le faire disparaître. L'erreur des économistes est d'avoir érigé en principe ce qui n'est qu'un fait, et un fait inhérent à une organisation sociale mauvaise, mais susceptible d'amélioration. La liberté absolue des transactions vient aggraver les vices de ce système ; le « laissez faire » crée entre les producteurs un état de lutte, où chacun cherche à supplanter son semblable. Obligé de vendre le meilleur marché possible, le producteur devra réaliser des économies par tous les moyens, et la concurrence qui s'établit entre ouvriers lui permettra de réduire le salaire. Et ainsi, « c'est sur le travailleur que pèse d'un poids écrasant le fait

que les économistes avaient si pompeusement
érigé en principe [1] ».

La conclusion est facile, c'est celle qu'avait
proclamée Adam Smith : en tout genre de travail,
le taux du salaire tend à s'abaisser à la somme
indispensable à l'ouvrier pour vivre et pour élever
sa famille. C'est le salaire naturel et suffisant dont
Ricardo donnera la définition suivante : « Le prix
naturel du travail est celui qui fournit aux ouvriers,
en général, les moyens de subsister et de perpétuer leur espèce sans accroissement ni diminution ». Il faudrait, disait Adam Smith, que l'ouvrier puisse élever au moins quatre enfants, car il
en meurt la moitié avant l'âge viril. Malheureusement les ouvriers ignorent pour la plupart ces
sages conseils des économistes, et, même s'ils les
connaissaient, il est probable qu'ils ne s'y confor-
meraient guère. L'ouvrier qui vit au jour le jour,
dit Louis Blanc, manque de cette prévoyance qui
permet aux classes bourgeoises de s'offrir à leur
gré le luxe des enfants, et on ne peut espérer qu'il
perpétuera l'espèce « sans accroissement ni diminution ». La population augmente beaucoup plus
vite dans les classes pauvres que chez les riches.
D'après des chiffres empruntés à la « Statistique

1. *Hist. de la Révolution*, livre XIII, chap. IV.

de la Civilisation européenne », à Paris, dans les
quartiers aisés, les naissances ne sont que du
1/32 de la population, tandis que dans les quartiers pauvres, elles sont du 1/26 [1]. Ce sont là des
faits inévitables, car on ne peut ordonner à la
mère du pauvre de rester stérile. On ne peut pas
davantage souhaiter la peste ou la guerre pour
détruire l'excédent de la population, bien que ces
fléaux épargnent d'ordinaire la bourgeoisie.

Les découvertes de la science viennent apporter
leur contingent aux maux dont souffre la classe
ouvrière [2]. L'application du moteur mécanique
aurait dû profiter à l'ouvrier dans une large mesure. La main-d'œuvre étant diminuée, on aurait
pu, sans toucher au salaire, réduire les heures de
travail, et procurer ainsi à l'ouvrier des loisirs
pour cultiver son intelligence. C'est ce qui aurait
lieu sous un régime basé sur la solidarité des intérêts. Mais l'industriel qui lutte pour la conquête
du marché ne pense qu'à augmenter son profit, et,
s'il fait l'acquisition d'une machine, il s'empresse
de licencier une partie de son personnel, et ainsi,
d'un instrument de progrès, il fait un instrument
d'oppression. Les ouvriers congédiés viennent
jeter la perturbation sur le marché du travail. La

1. *Organisation du travail*, p. 71.
2. Ibid., p. 30.

machine a encore un inconvénient beaucoup plus grave : elle permet d'occuper les enfants et les femmes à des travaux qui auparavant étaient trop pénibles pour eux. Il n'est pas jusqu'aux chemins de fer, qui, en rendant les communications plus faciles, entraînent vers les villes les ouvriers des campagnes, attirés par l'appât d'une vie plus agréable[1].

Ainsi tout concourt à rompre l'équilibre qui devrait exister entre la demande de travail et l'offre de bras. Les entrepreneurs, qui ne cherchent que leur intérêt personnel, en profitent, et ils emploient de préférence ceux qui exigent le salaire le moins élevé. « Un entrepreneur a besoin d'un ouvrier, trois se présentent. Combien pour votre travail ? Trois francs : j'ai une femme et des enfants. Bien, et vous ? Deux francs et demi me suffiront, je n'ai pas d'enfants, mais une femme. A merveille. Et vous ? Deux francs me suffiront, je suis seul. A vous donc la préférence. — C'en est fait, le marché est conclu. Vienne un quatrième travailleur assez robuste pour jeûner de deux jours l'un, la pente du rabais sera descendue jusqu'au bout[2] ».

Aussi, la baisse du salaire est un fait général,

1. *Organisation du travail*, p. 36.
2. Ibid., p. 30.

et on peut la constater dans tous les genres d'industrie. Le salaire est réduit à un chiffre minime, bien insuffisant pour permettre à l'ouvrier de vivre convenablement. Pour ne pas être accusé d'exagération, Louis Blanc nous donne le taux moyen des salaires dans certaines catégories d'industries d'après une enquête qu'il a faite à Paris et à Troyes. Nous ne nous arrêterons pas à cette longue énumération qui est un peu dénuée d'intérêt. Il nous suffira de savoir qu'à Paris, le salaire oscille pour les femmes, entre 2 fr. 25 aux teinturières, et o fr. 75 avec trois mois de morte saison, ce qui donne un salaire moyen de 57 centimes, pour les bordeuses de souliers. Pour les hommes, le salaire est généralement de trois à quatre francs par jour, avec un maximum de 4 fr. 50 cent. pour les charpentiers et les couvreurs dont le métier est dangereux. Les maçons gagnent quatre francs par jour avec quatre mois de morte saison, soit un salaire moyen de trois francs. A Troyes, les bonnetiers gagnent un franc et 1 fr. 50 cent. par jour, et le salaire varie, pour les charpentiers de 1 fr. 75 cent. à 2 fr. 25 cent., pour les maçons de 1 fr. 75 cent. à 2 fr. 50 cent.[1]. La bonne foi habituelle de Louis Blanc ne permet pas de douter de

---

1. *Organisation du travail*, p. 33.

l'exactitude de ses chiffres. On pourrait peut-être
lui reprocher de n'avoir pas suffisamment vérifié
les sources de ses renseignements et de s'être
laissé induire en erreur. Mais cette critique même
ne paraît pas fondée, car ses chiffres concordent
à peu près avec les statistiques fournies par d'autres auteurs[1].

En présence d'un pareil résultat, on ne peut
qu'approuver la critique acerbë que fait Louis
Blanc du système de la concurrence illimitée,
cause de tout le mal. Il faut reconnaître qu'il est
impossible à un ouvrier, qui a une femme et plusieurs enfants, de vivre convenablement avec
deux, trois et même quatre francs par jour, surtout si on considère que la morte saison vient souvent réduire ce salaire du tiers et même du quart,
comme pour les ouvriers du bâtiment qui ne travaillent que huit mois par an.

Mais les craintes de Louis Blanc relatives à la
baisse continue des salaires étaient chimériques.
Les conclusions des économistes classiques se
sont trouvées sur ce point en contradiction avec
les faits. Loin de diminuer depuis un siècle, les
salaires ont obéi à un mouvement de hausse inin-
terrompu. Cette hausse était déjà sensible au mo-

---

1. Cf. notamment : Em. Chevalier. *Les salaires au XIXᵉ siècle.*

ment où écrivait Louis Blanc, et elle n'a fait que
s'accentuer de 1850 à 1890. D'après M. Emile
Chevalier[1], dans l'industrie agricole, de 1850 à
1885, les salaires ont augmenté de 100 o/o. Dans
la petite industrie, de 1853 à 1881, ils ont augmenté de 48 o/o à Paris et de 63 o/o dans les chefs-
lieux de département. Dans l'industrie du bâtiment, à Paris, les salaires ont doublé depuis un
demi-siècle. A Fourmies, pour l'industrie de la
laine, de 1844 à 1882, la hausse atteint le chiffre
de 133 o/o ; dans les tissages de Dornach, de 1832
à 1885, elle est de 101 o/o ; au Val d'Orbey, de
1850 à 1880, elle est de 38 o/o. Il est vrai que,
depuis 1890, on constate un ralentissement général de la progression, ce qui tendrait à établir que
le salaire actuel se rapproche du salaire maximum.
Dans certaines industries, notamment l'industrie
de la laine, on constate une baisse sensible.

Les socialistes prétendent il est vrai que cette
hausse n'est qu'apparente, et qu'elle correspond
à une augmentation équivalente sinon plus forte
des objets nécessaires à la vie. Cette objection est
en partie fondée. Il est certain que les objets de
consommation sont plus chers qu'ils n'étaient en
1850, mais leur prix a augmenté, toute proportion

1. Op. cit.

gardée, beaucoup moins que celui de la main-d'œuvre.

Les prévisions des économistes, malgré leur apparente rigueur scientifique, ont donc été inexactes. C'est qu'ils n'avaient pas vu toutes les causes qui exercent leur influence sur la détermination du salaire. La théorie du fonds des salaires n'a plus aujourd'hui qu'un intérêt historique, et la célèbre loi d'airain qui en découle, et dont le nom sonore n'a pas peu contribué à la renommée de Lassalle, est abandonnée dans les écrits socialistes sérieux. Le rapport entre l'offre de travail et le nombre des ouvriers cherchant un emploi a une bien faible part dans la fixation du chiffre de la rémunération, sauf cependant pour les travaux qui doivent s'accomplir à une époque déterminée, les travaux agricoles par exemple. La productivité du travail de l'ouvrier a aujourd'hui une grande importance, surtout dans le travail à la tâche et dans le système de la participation aux bénéfices. En outre, l'abondance des capitaux a produit une baisse du taux de l'intérêt et une partie de la part attribuée au capitaliste a pu accroître à celle de l'ouvrier. Mais ce dernier résultat ne s'est pas produit sans lutte. Il a fallu pour qu'il se réalise que l'ouvrier ait une force économique et sociale suffisante pour disputer cette part à l'entrepreneur. Cette force, il l'a conquise avec l'aide du suffrage universel, par le droit de coalition et le droit de grève. Et on peut dire qu'aujourd'hui la formule de Louis Blanc se trouve renversée, et c'est le patron qui est à la merci des ouvriers. Dans la grande industrie, le chômage a pour le patron des conséquences très graves. Il a engagé un capital souvent énorme, qui ne produit que par le travail des ouvriers. Le chômage forcé peut le mettre dans l'impossibilité de tenir ses engagements et l'exposer ainsi à perdre sa clientèle. Aussi, le patron, sous le coup d'une menace de grève, fera souvent des concessions qu'il aurait refusées en temps ordinaire.

Si le salaire des hommes s'est accru, on ne peut en dire autant de celui des femmes, et il est le plus souvent impossible à une femme qui n'a d'autres ressources que son salaire, de vivre honnêtement. Aujourd'hui encore, comme en 1840, la fille du pauvre, quand l'ouvrage vient à manquer, « n'a plus à choisir qu'entre la prostitution et la faim[1]. » M. Emile Chevalier constate cette insuffisance et il reconnaît que le salaire des femmes est moins élevé que celui des hommes. « Payées à l'heure ou en conscience, dit-il, elles

---

1. *Organisation du travail*, p. 18.

sont toujours moins rémunérées ; elles acceptent
d'ailleurs cette infériorité sans murmurer. Leurs
besoins physiques, en effet, sont restreints ; leur
corps n'a pas les mêmes exigences[1]. » Mais cette
différence des besoins n'est pas la principale cause
de la différence des salaires. Si d'ordinaire la femme
dépense beaucoup moins que l'homme pour sa
nourriture, elle en dépensera davantage pour sa
toilette. La femme accepte cette infériorité parce
que, très souvent, son salaire n'est qu'un appoint.
Mariée, son gain viendra s'ajouter à celui du mari
et permettra d'introduire un peu de luxe dans le
ménage ; célibataire, elle est encore dans sa famille, à laquelle son salaire contribue à apporter
un peu de bien-être. Enfin, dépourvues de droits
politiques, les femmes n'ont pas une force sociale
suffisante pour exercer leurs revendications. Elles
possèdent bien le droit de coalition et le droit de
grève, mais la majeure partie des femmes travaillent à domicile et il leur est difficile de se grou-
per. Dans la grande industrie, où elles peuvent se
syndiquer, elles arrivent à gagner trois francs par
jour, tandis que l'ouvrière en chambre gagne avec
peine un franc en travaillant douze heures par
jour. Il est impossible à une femme de payer un

1. E. Chevalier. Op. cit.

loyer, de se nourrir et de se vêtir avec un franc par jour. Mais c'est un état de choses auquel il n'est guère possible de remédier.

Voilà donc à quoi aboutit ce régime du « laissez faire » tant vanté par les économistes, à donner à l'ouvrier un salaire insuffisant pour vivre. De là une conséquence terrible, mais fatale, la misère avec son cortège de vices et de crimes. C'est l'ouvrier réduit à loger dans un taudis malsain, situé au-dessous de la rue sur laquelle il prend jour par une porte étroite et basse, qui distribue avec parcimonie l'air et la lumière ; ce sont les enfants vivant dans la saleté et se vautrant dans la boue des ruisseaux jusqu'à l'âge où ils pourront par leur travail augmenter de quelques liards le gain de la famille. Et Louis Blanc, qui en toute occasion cherche à s'appuyer sur les faits, nous donne le détail du budget d'une famille ouvrière qui, déduction faite du temps de chômage, gagne annuellement trois cents francs. Remarquons d'abord que le médecin et le pharmacien sont gratuits et que les vêtements sont donnés par des personnes charitables.

Nous ne pouvons mieux faire que de reproduire les chiffres mêmes :

Loyer pour une famille..............	25 fr.
Blanchissage......................	12 »

Combustible	35	»
Réparation des meubles	3	»
Déménagement (au moins une fois chaque année)	2	»
Chaussure	12	»

Il faut qu'avec le surplus on achète du pain : Pour une famille de quatre ou cinq personnes on ne peut compter moins de 150 fr. pour cet objet. Si l'on considère que le cabaret absorbera encore une partie du surplus, on voit qu'il reste bien peu de chose pour l'achat de la viande, des légumes, du beurre et du sel[1].

Ces chiffres nous paraissent aujourd'hui avoir été réduits à plaisir, pour les besoins de la cause. Cependant, s'ils sont exagérés, ils le sont fort peu, et on peut les rapprocher de documents remontant à la même époque. Voici notamment le budget d'un ouvrier normand, qui gagne 1 fr. 75 cent. par jour, soit avec une moyenne de 300 jours de travail, 525 francs par an, publié par le journal *l'Impartial de Rouen*, et reproduit par le *Journal des Economistes*, organe peu suspect de socialisme[1] :

Loyer	60 fr.
Impôts	5 »
Beurre, lait, légumes, savon, chandelle	60 »

1. *Journal des Economistes*. 1847, tome I, p. 175.

Chaussures.........................	20	»
Chauffage (un cent de bourrées).......	20	»
Boisson............................	25	»
Vêtements pour le mari, la femme et les enfants.........................	50	»
Entretien du mobilier et réparations locatives.........................	10	»
Total...........	250	»

Il reste donc pour le pain et les dépenses imprévues une somme de 275 fr.

On suppose qu'il n'y a eu ni maladie ni chômage, ni frais de médecin. L'ouvrier n'ayant ni côtelettes ni beefsteack consommera bien deux livres de pain par jour. La femme, qui ne peut travailler, ayant à garder deux enfants de trois et et cinq ans, en mangera une livre et demie et les deux enfants autant, soit au total cinq livres de pain qui à raison de vingt centimes la livre donnent une dépense de un franc par jour. L'ouvrier n'aura donc d'autre ressource que de jeûner ou de s'endetter s'il trouve du crédit.

Le tableau est certainement aussi noir que celui que nous trace Louis Blanc, et il ne faut pas s'étonner si, en présence de tels résultats, beaucoup d'ouvriers ne veulent pas travailler et préfèrent se livrer à la mendicité ou au vol, métiers honteux mais plus lucratifs et moins pénibles que le travail honnête. Suivant les calculs de M. Frégier, chef de bureau à la Préfecture de police, il existe à Paris 235,000 ouvriers de tout sexe et de tout âge pendant la période du ralentissement des travaux, et 265,000 pendant la période de pleine activité. A côté de cela on compte 30,072 individus sans aveu, voleurs, fraudeurs, recéleurs, filles publiques, et 33,000 individus qui pourrissent dans la misère. « Nos gouvernants » prétendent qu'il est impossible d'organiser le travail, mais les voleurs et les assassins ont réussi à organiser le crime, et les débats des cours d'assises nous ont montré l'existence de véritables associations de malfaiteurs [1]. La criminalité augmente tous les jours [2]. D'après les renseignements fournis par Léon Faucher, le nombre des individus arrêtés à Paris était en 1832 de 9,047 et en 1842 de 11,574, soit en dix ans un accroissement dans le mal de 28 %.

Une telle situation est intolérable, et il est urgent d'y remédier. Mais pour cela il faut d'abord remonter aux causes ou plutôt à la cause du mal, car « il n'y en a qu'une, et elle se nomme la misère [3] ».

Louis Blanc rejette l'opinion des philosophes qui, avec Hobbes, prétendent que le vice est inné

1. *Organisation du travail*, p. 44.
2. Ibid, p. 53.
3. Ibid, p. 47.

et que l'homme vient au monde naturellement
mauvais. Même s'il en était ainsi, dit-il, il ne serait
pas responsable, et ce serait le devoir de la société,
qui doit en tirer tout le profit, de modifier son caractère et de chercher à dominer ses instincts
pervers par une éducation appropriée.

Admirateur passionné de J.-J. Rousseau, il repousse bien loin une telle idée, et, comme le phi-
losophe de Genève, il aime mieux croire à la bonté
naturelle de l'homme. « Que des hommes naissent
naturellement pervers, dit-il, nous ne l'oserions
prétendre, de peur de blasphémer Dieu[1] ». Si
l'homme devient mauvais, la faute en est à la société qui ne lui met sous les yeux que des exem-
ples pervers, et qui ne lui montre d'autre avenir
que de mourir de faim pendant que d'autres vivent
dans le luxe. « Voici un malheureux qui a pris
naissance dans la boue de nos villes. Aucune notion de morale ne lui a été donnée. Il a grandi au
milieu des enseignements et des images du vice.
Son intelligence est restée dans les ténèbres. La
faim lui a soufflé ses ordinaires tentations. La main
d'un ami n'a jamais pressé sa main. Pas de voix
douce qui ait éveillé dans son cœur flétri les échos
de la tendresse et de l'amour. Et maintenant, s'il

---

1. *Organisation du travail*, p. 47.

devient coupable, criez à votre justice d'intervenir : notre sécurité l'exige ! Mais n'oubliez pas que
votre ordre social n'a pas étendu sur cet infortuné
la protection due à ses douleurs. N'oubliez pas que
son libre arbitre a été perverti dès le berceau ;
qu'une fatalité écrasante et injuste a pesé sur son
vouloir ; qu'il a eu faim ; qu'il a eu froid ; qu'il n'a
pas su, qu'il n'a pas appris la bonté..., bien qu'il
soit votre frère, et que votre Dieu soit aussi celui
des pauvres, des faibles, des ignorants, de toutes
les créatures souffrantes et immortelles [1] ».

« Nos gouvernants », dit Louis Blanc, ont bien
été frappés de cet état de choses, mais au lieu de
remonter à la source du mal et de chercher à supprimer la misère par une saine organisation du travail, ils essaient de vains palliatifs. Ils étudient de
nouveaux systèmes pénitentiaires. Pour éviter la
contagion de l'emprisonnement en commun, ils
ont emprunté à l'Amérique, la terre de la démocratie et de la liberté, le système de l'emprisonnement cellulaire, de l'isolement de nuit et de jour,
tel qu'il est pratiqué à Philadelphie, peine terrible, qui aboutit fatalement au suicide ou à la folie.
Pour corriger les criminels, on en fait des fous [2].

La perspective de la peine qu'il encourt est en

1. *Organisation du travail*, p. 48.
2. Ibid., p. 55.

effet un frein bien faible pour arrêter le bras du
criminel. La suppression de la peine de mort, de-
mandée depuis longtemps par de nombreux publicistes, n'aurait certainement pas pour conséquence une augmentation du nombre des crimes.
Nombreuses sont pour l'assassin les chances d'y
échapper, nombreuses sont les étapes à franchir
avant d'arriver à l'échafaud. Beaucoup de crimes
restent encore impunis malgré le développement
qu'ont pris de nos jours les services de police. Si
l'assassin est arrêté et renvoyé par la chambre des
mises en accusation devant la Cour d'assises, il
peut échapper à la peine capitale par l'admission
de circonstances atténuantes ; s'il est condamné,
il lui reste un dernier recours, la clémence prési-
dentielle. Aussi, il serait peut-être préférable, tout
en mettant le criminel hors d'état de nuire à nouveau, de lui laisser le temps d'expier et de se re-
pentir. Louis Blanc l'avait bien compris, et c'est
pour cela qu'il demandait à la Chambre des Députés, dans la séance du 12 février 1881, de prendre
en considération une proposition de M. Marion
tendant à l'abolition de la peine de mort en matière criminelle. C'est d'ailleurs sur sa proposition
qu'elle avait été abolie en 1848 en matière politique.

Les sanctions de la morale doivent varier avec

les progrès de la civilisation. Chez les peuples peu
avancés, il est nécessaire de maintenir des peines
qui frappent les esprits, de peur que l'impunité
assurée ne soit un encouragement au crime. Mais
dans une civilisation comme la nôtre, les systèmes
pénitentiaires les mieux étudiés sont impuissants.
Le seul remède est celui que préconisait Louis
Blanc : il consiste à supprimer la cause du mal, à
améliorer le sort des masses. Il faudra surtout
agir sur les mœurs, car à côté des criminels d'occasion qui sont le petit nombre, il y en a d'autres
qui sont poussés au crime par des instincts pervers qu'on ne leur a pas appris à dominer. On en-
seigne à l'homme ses droits, proclamés dans la
fameuse Déclaration de 1791, manifeste de l'individualisme, qui tend à donner à l'individu une
conscience exagérée de sa personnalité. Il conviendrait de lui apprendre que ses droits correspondent à des devoirs sociaux. Il faudrait lui
apprendre que l'égoïsme est un vice, et que l'homme, en société, doit toujours agir pour le plus
grand bien de l'humanité. Et, suivant une expression de Mirabeau [1], le grand bien de l'humanité,
c'est la bienveillance, ce sont les bienfaits, c'est
l'amour. Il faut reconnaître d'ailleurs que, jus-

1. Mirabeau. *Lettres à Sophie.*

qu'à ce jour, l'éducation a failli à ce devoir moralisateur, et on a constaté que les crimes étaient
proportionnellement plus nombreux dans les régions où l'instruction est le plus répandue que
dans les autres. Il faudrait peut-être voir là un
effet de la publicité donnée aux crimes par la voie
de la presse. Le crime attire le crime, dit un vieil
adage, et on a remarqué qu'un crime sensation-
nel ne tarde pas à être suivi d'un autre.

Cette amélioration morale des classes pauvres,
que les meilleurs systèmes pénitentiaires sont
impuissants à réaliser, faudra-t-il l'attendre de
l'institution des caisses d'épargne ? Louis Blanc
ne partage pas sur ce point les avis optimistes de
certains moralistes. Et d'abord le principe même
est mauvais. « En soi, l'épargne est excellente » :
on ne peut le nier, et nul doute qu'avec un régime
fondé sur l'association et la solidarité des intérêts
elle ne produise de bons résultats. Mais, « com-
binée avec l'individualisme, l'épargne engendre
l'égoïsme ». Elle déssèche le cœur, elle tarit la
source des sentiments altruistes [1]. La critique est
sévère, mais elle n'est pas dénuée d'un certain
fondement. L'épargne suppose par essence une
privation. D'ordinaire, celui qui épargne ne prend

---

1. *Organisation du travail*, p. 59.

pas sur son superflu, mais il se prive d'une partie
de son nécessaire. On conçoit fort bien que l'ouvrier prévoyant qui, à force de privations, est
parvenu à économiser un petit pécule, regarde
avec dédain et même quelquefois avec mépris son
camarade que le chômage réduit à la mendicité.
C'est un sentiment qui, s'il ne peut être approuvé,
est tout au moins excusable.

De l'institution elle-même, on peut dire avec
Louis Blanc qu'elle a manqué en partie son but.
« Recéleuse aveugle et autorisée d'une foule de
profits illégitimes, elle accueille, après les avoir à
son insu encouragés, tous ceux qui se présentent,
depuis le domestique qui a volé son maître jusqu'à
la courtisane qui a vendu sa beauté[1]. » Ainsi, dit-
il, les caisses d'épargne fondées pour favoriser
l'ouvrier ne servent qu'à encourager le vice ou le
crime. Leur fonctionnement a fait ressortir un défaut non moins grave. Elles servent plutôt de banque de dépôt aux petits capitalistes, commerçants
ou industriels, que de tire-lire à l'ouvrier. D'après
M. Adolphe Coste, sur cent livrets on en compte
seulement 14,65 % inférieurs à 500 fr. et 17,73 %
de 500 à 1,000 fr. Ainsi, l'épargne proprement dite
figure seulement pour un septième, tout au plus

1. *Organisation du travail*, p. 58.

pour un tiers, dans le chiffre énorme des dépôts.
Les déposants y trouvent avantage, car ils peuvent disposer de leur argent aussi facilement que
s'il était déposé dans une banque, et ils en reti-
rent un intérêt de 2 fr. 50 à 3 fr. % que cette banque ne leur paierait pas [1]. Mais comment veut-on
que l'ouvrier qui gagne à peine de quoi vivre
puisse faire des économies ? Pourquoi se priverait-
il pour épargner, car s'il arrive à posséder un
petit capital, ce sera une nouvelle proie pour la
concurrence [2].

Certains moralistes, dit Louis Blanc, ont espéré
que les caisses d'épargne réussiraient à dominer
le penchant des classes pauvres pour l'ivresse et
concourraient ainsi à combattre le fléau de l'alcoolisme. Le remède n'est pas là, dit-il. Le pauvre
boit d'abord pour oublier sa misère et il finit par
en prendre l'habitude [3]. On peut remarquer en
effet que, pour beaucoup d'ouvriers, il n'y a pas
de réjouissance complète si elle ne se termine par
l'ivresse, qui est le complément indispensable de
toutes les fêtes. Le cabaret est la véritable caisse
d'épargne de l'ouvrier. La suppression de la misère,

1. Ad. Coste : La submersion de l'Etat par les fonds d'épargne (*Globe* du 13 décembre 1890). - Cité par B. Malon. *Socialisme intégral*, t. II, p. 55 et 56.

2. *Organisation du travail*, p. 59.

3. Ibid., p. 60.

que Louis Blanc considère comme le seul remède
efficace, serait probablement impuissante à supprimer l'alcoolisme. Il faudrait agir sur les mœurs
par l'éducation et montrer à l'enfant dès son bas
âge les ravages causés par le mal. Quand l'ouvrier
en connaîtra les conséquences, terribles pour lui-
même et pour sa descendance, il renoncera peut-
être à une consolation qui coûte si cher.

L'institution des caisses d'épargne présente
d'ailleurs un danger qui paraît très grand à Louis
Blanc et aux autres socialistes. Elle place le peuple
sous la dépendance du Gouvernement. L'homme
qui a amassé un petit pécule au prix des privations craindra de le voir engloutir dans un changement social. Celui qui possède est conservateur
par nature ; il le sera davantage si sa fortune est
entre les mains de l'Etat, qui, par la menace de la
banqueroute, le dominera et pourra exercer le
pouvoir d'une façon tyrannique. Et le peuple,
craignant d'être dépouillé du fruit de ses peines,
courbera la tête sous le joug [1].

Ces craintes paraissent à l'heure actuelle dé-
nuées de fondement. Le souci des gouvernements,
portés au pouvoir par les soulèvements populaires, a toujours été d'acquitter les engagements de

---

1. *Organisation du travail*, p. 59.

ceux qui les avaient précédés, ou, au moins, de les
ratifier. Un gouvernement qui agirait autrement
verrait son crédit ruiné, et il lui serait impossible
de se maintenir.

Certains économistes voient dans les caisses
d'épargne un danger à la fois pour l'Etat et pour
le pays. Elles créent à la charge de l'Etat des obligations énormes, remboursables à vue. Elles draînent dans les campagnes et dans les petites villes
la petite et la moyenne épargne pour aller l'engloutir, par l'intermédiaire de la Caisse des dépôts et consignations, dans le gouffre du Trésor.
Ce sont autant de ressources enlevées à l'industrie pour être employées en dépenses improductives[1]. Ainsi, non seulement les caisses d'épargne
ne sont bonnes « qu'à rendre le pauvre égoïste et à
briser dans le peuple ce lien sacré que noue entre
les êtres qui souffrent la communauté des souffrances, » suivant les paroles de Louis Blanc[2],
mais elles tendent à perpétuer la misère en entra-
vant l'essor économique de la nation. « Les fonds
publics, dit encore Louis Blanc, sont les Invalides
des capitaux ; ils détournent les capitaux des emplois productifs. Il ne faut pas que la rente fasse

1. Cf. notamment: LEROY-BEAULIEU. *L'Etat moderne et ses
fonctions.*
2. *Histoire de dix ans,* tome III, chap. III.

concurrence à l'industrie. C'est un moyen de placement indépendant du travail, tandis que le travail ne peut se passer du capital[1]. » On a remédié en partie à cet inconvénient en 1895 en réduisant le maximum de chaque dépôt de 2,000 fr. à 1,500 fr. Il faut souhaiter qu'on abaisse ce chiffre à 1,000 fr., somme suffisante si on n'a en vue que la petite épargne.

1. *Histoire de dix ans*, tome V, chap. XI.

CHAPITRE III

La concurrence et la bourgeoisie. — Evolution fatale de la société vers le monopole.

Le roi Louis XI, mourant, cherchait à s'illusionner lui-même, et disait à son médecin : « Mais voyez-donc ! jamais je ne me suis mieux porté. »

Il en est de même de la société bourgeoise qui s'endort dans sa quiétude et ne s'aperçoit pas de l'orage qui gronde et la menace[1]. Que lui importe que la classe des prolétaires souffre de la faim ? Le régime du « laissez faire » lui procure tous les avantages de la vie ; il lui a permis de progresser et d'augmenter ses richesses. Egoïste par sa nature, le bonheur des autres n'entre pas dans ses préoccupations.

Mais c'est là une erreur qu'il est nécessaire de

1. *Organisation du travail*, p. 23.

dissiper. Toutes les parties du corps social, comme les membres du corps humain, sont intimement liées entre elles. Si un membre du corps humain est malade, tout l'organisme s'en ressent. De même, dans la société, si une classe est en souffrance, la société tout entière en pâtit. « Il n'est pour les sociétés ni progrès partiel, ni partielle déchéance [1] ». Louis Blanc n'insiste pas sur les révolutions toujours à craindre dans un état social basé sur l'antagonisme des intérêts. Les émeutes fréquentes pendant la monarchie de Juillet montrent cependant que cette crainte n'était pas chimérique. Mais la bourgeoisie dispose du pouvoir et de la force armée, et ces révoltes sont presque toujours étouffées dans le sang.

Le mal qui ronge la société capitaliste, d'après Louis Blanc, tient à l'organisation économique elle-même ; il est le résultat fatal de la concurrence. La concurrence, comme son nom l'indique, est un état de lutte, lutte sans trêve, acharnée, souvent sans scrupules, où chacun s'efforce de réaliser un gain au détriment d'autrui. Le succès des uns est fait de la ruine des autres. Il faut vaincre ou être vaincu, et souvent des hommes imbus de sentiments altruistes sont obligés d'exploiter l'ouvrier

---

1. Conférence à Saint-Denis, du 3 décembre 1876.

pour pouvoir résister à leurs rivaux. Les volontés les meilleures sont annihilées par les exigences de la lutte pour la vie. « Lutte des producteurs entre eux pour la conquête du marché ; lutte des ouvriers entre eux pour la conquête de l'emploi ; lutte du journalier contre la machine qui menace de le faire mourir de faim en le remplaçant ; lutte universelle, permanente, inexorable, où la victoire reste toujours aux gros capitaux, comme dans les batailles d'un autre genre elle reste aux gros bataillons ; voilà le spectacle que présente l'ordre social[1] ». Le régime de la concurrence illimitée ne tend à rien moins qu'à la suppression du moyen commerce et de la moyenne industrie. Economie de main-d'œuvre par l'emploi des machines, réduction des frais généraux par la production en grand, tels sont les avantages de la grande industrie. Le petit producteur ne pourra soutenir la lutte ; obligé de vendre plus cher parce qu'il a des frais plus élevés, il ne pourra écouler ses produits. Il sera bientôt réduit à fermer son usine, et il viendra grossir la masse des prolétaires. La loi vient favoriser cet état de choses en prohibant les associations. L'association seule pourrait résister au moins pendant un certain temps à la puis-

1. Banquet réformiste de Dijon. Décembre 1847.

sance des gros capitalistes. Or il est permis au
possesseur d'une somme de deux cent mille francs
de la mettre dans une seule exploitation ; mais il
est interdit à deux producteurs ayant chacun cent
mille francs de les mettre en commun pour entreprendre la même affaire[1]. Le commerce subit
une transformation identique à celle de l'industrie,
et les petites boutiques sont éliminées peu à peu
par les gros magasins qui achètent directement
au producteur. Mais que le vainqueur ne se hâte
pas trop de crier victoire. L'ouvrier célibataire,
après avoir pris la place de ses rivaux mariés et
pères de famille, l'industriel et le commerçant
heureux, se verront à leur tour dépossédés par un
plus riche qu'eux. Une évolution fatale entraîne
la société vers le monopole. En même temps le
sillon qui sépare les classes de la société se creuse
et s'élargit. Les riches deviennent moins nombreux
et plus riches pendant que le nombre des prolétaires croît avec leur misère. Quand la bourgeoisie, en 1789, s'armait contre les vieilles puissances
sociales, la noblesse et l'Eglise, elle les accusait
d'aveuglement. Aujourd'hui, atteinte à son tour
de cécité, elle ne veut pas voir le mal qui la dé-
vore[2].

1. *Organisation du travail*, p. 79.
2. Ibid., p. 79.

Louis Blanc avait d'abord fait appel au sentiment, mais, désespérant d'émouvoir la classe
bourgeoise confinée dans son égoïsme, il a recours à d'autres ressources. Abandonnant les
entités métaphysiques, il invoque la science et
proclame l'absorption des petits capitaux par les
gros et la constitution d'une féodalité industrielle
de moins en moins nombreuse. Il est un véritable
précurseur du socialisme scientifique moderne.
Karl Marx et Lassalle n'auront qu'à reprendre sa
théorie et à la développer. Et Engels ne faisait
que reproduire les idées de Louis Blanc quand il
écrivait que « l'accumulation de richesses à un
pôle c'est une égale accumulation de pauvreté,
de souffrance, d'ignorance, d'abrutissement, de dé-
gradation morale, d'esclavage au pôle opposé[1] ».

Mais cette doctrine voit aujourd'hui diminuer
le nombre de ses partisans, car elle semble en
contradiction avec les faits. Si la petite et la
moyenne industrie tendent à disparaître, ce résultat ne se produit que d'une façon très lente, et si
les prédictions de Louis Blanc se réalisent, ce ne
sera que dans un avenir très éloigné. Aussi il
s'est produit sur ce point une scission dans le
parti socialiste. Les uns, avec Bebel en Allemagne

---

1. F. Engels. *Socialisme utopique et socialisme scientifique.*

et Jules Guesde en France, restent fidèles à la
pure doctrine marxiste. Ils soutiennent qu'une
évolution irrésistible doit amener fatalement la
révolution socialiste. Les autres ont pour chef
l'allemand Bernstein dont le livre fameux : *Socia-*
lisme scientifique et sociale démocratie pratique,
paru en 1899, produisit un véritable coup de
théâtre. Bernstein a été l'ami et le confident de
Karl Marx et l'exécuteur testamentaire d'Engels.
Il prétend être en possession de la véritable doctrine de Marx qui a été faussée par le parti opposé.

D'après lui, la thèse de l'évolution fatale de la
société vers le collectivisme est erronée, et il lui
substitue celle du mouvement socialiste. Aussi, il
se contente de réclamer le droit à l'existence, le
droit au travail et la suppression des revenus sans
travail. C'est un but qu'il faut chercher à atteindre
par tous les moyens, sans dédaigner même la
collaboration bourgeoise. Et, bien que les néo-
socialistes soient traités en ennemis par les autres,
leur thèse fait des progrès. Elle compte d'ardents
défenseurs : Turati et Merlino en Italie ; Vander-
velde en Belgique ; Hyndman en Angleterre. En
France elle a passé du domaine de la théorie à la
pratique par l'arrivée au pouvoir d'un des chefs
du parti socialiste.

Cependant, si l'aboutissement fatal du régime

de concurrence n'est pas la concentration du capital social et du pouvoir en un petit nombre de
mains, et, suivant une expression de Benoît
Malon, l'avènement de la « bancocratie », il faut
reconnaître avec Louis Blanc qu'il produit des
crises nombreuses. La route du progrès est semée
de ruines. Par contre, on a prétendu que la concurrence était un instrument de classement des
capacités, et que le libre jeu des forces économiques éliminait seulement les incapables. C'est
inexact, au moins en partie, car si le succès couronne d'ordinaire les efforts des individus les mieux
doués, il arrive qu'un grand nombre d'hommes
intelligents réussissent seulement à végéter.

Comme le fait remarquer Louis Blanc, dans une
société comme la nôtre, l'intelligence ne suffit
plus, et ceux qui parviennent aux sommets avec
leurs seules ressources se font de plus en plus
rares. « Si, jeté faible et nu au milieu de mes
semblables, je trouve tout occupé autour de
moi... parce que tout est devenu la possession
exclusive de quelques-uns, et le sol, et les animaux, et la nature morte, et la nature vivante,
que deviennent mes facultés ? [1] » Aujourd'hui
tout est à vendre, industrie, fonds de commerce,

1. *Hist. de la Révolution*, t. III, p. 42.

fonds de terre, et celui qui n'a pas en sa possession un certain capital ne peut que grossir le
nombre des salariés. Sans doute on a vu encore,
dans le cours du siècle, des hommes partis de
très bas se constituer des fortunes colossales :
mais ces résultats se sont surtout produits en
Amérique, dans un pays immense et peu peuplé,
où beaucoup de territoires étaient encore inoccu-
pés, et ils viennent ainsi à l'appui de notre thèse.
Et à côté de ces richesses colossales, qui ont valu
à leurs heureux possesseurs, dans le langage cou-
rant, le titre de rois d'Amérique, que de chutes
viennent confirmer la critique de Louis Blanc.
Dans un numéro récent de « *la Revue* », M. L. de
Norvins nous trace des tableaux tragiques empruntés à l'existence des milliardaires américains.
Il nous les montre, après avoir étonné le monde
entier par leur luxe, réduits à emprunter une dîme
au cocher qui les conduisait ou au garçon de res-
taurant qui les servait autrefois. Samuel Blakely,
un des rois de la spéculation sur les huiles, voulut
lutter contre le trust de la Standard oil Co, dont
Rockefeller, le roi des aciers, était le président.
Vaincu dans la lutte, il se porta à des voies de
fait contre un de ceux qu'il accusait de sa ruine et
fut condamné à la prison[1].

1. *La Revue*, n° du 15 novembre 1901.

Mais l'Amérique est un pays neuf où on a vu
se constituer en peu de temps des fortunes colossales. La vie économique y est intense. C'est là où
se sont développées ces coalitions de patrons
connues sous le nom de kartels. Il ne faut donc
pas s'étonner si ces énormes richesses échafaudées
en un jour disparaissent de même, semblables à
ces insectes ailés qui ne viennent au monde que
pour mourir. Dans le vieux monde, les chutes
sont beaucoup moins nombreuses et aussi moins
terribles. D'après le dénombrement de 1892, on
comptait encore dans l'agriculture 54 1/2 pour
cent de patrons, dans l'industrie 22 1/2 pour cent
pour les manufactures et 14 pour cent pour les
transports, dans le commerce 50 1/2 pour cent.
La réduction du nombre des patrons à un chiffre
infime n'apparaît donc que comme très lointaine,
si lointaine qu'il semble inutile de s'y arrêter.

Les associations de capitaux, qui étaient prohi-
bées sous la monarchie de Juillet, sont autorisées
et réglementées depuis 1867. La loi de 1893 leur
a même donné un essor nouveau en abaissant à
25 francs le chiffre minimum des actions. On a
vu ainsi se constituer des sociétés anonymes dont
le capital, qui s'élève quelquefois à plusieurs millions, est réparti en un grand nombre de mains.
Les capitaux y ont trouvé des placements rému-

nérateurs, l'épargne a été encouragée. On a remarqué notamment que, parmi les détenteurs des
obligations des chemins de fer, beaucoup n'en
possédaient que quelques-unes. Ainsi, sous la
grande industrie, il y a bien souvent le petit capital. Il est vrai que la direction des sociétés appartient aux actionnaires, et, d'ordinaire, la majorité
des actions est aux mains de gros financiers. C'est
à eux que revient la plus grosse part des bénéfices,
car les porteurs d'obligations ne reçoivent qu'un
intérêt fixe.

Et quand on demande aux économistes de
l'école de Say quels sont les avantages du régime
de concurrence, dit Louis Blanc, ils vous répondent d'un mot : « le bon marché ». Le bon marché, c'est l'arme dont se sert le producteur aisé
pour écraser son rival. « Le bon marché, c'est
l'exécuteur des hautes œuvres du monopole ; c'est
la pompe aspirante de la petite et de la moyenne
industrie, du moyen commerce, de la moyenne
propriété : c'est, en un mot, l'anéantissement de
la bourgeoisie au profit de quelques oligarques
industriels [1] ».

Le bon marché, en lui même, ne doit certes pas
être maudit, mais il n'est qu'un trompe-l'œil.

1. *Organisation du travail*, p. 76.

L'ouvrier ne s'aperçoit pas que l'abaissement du prix des marchandises correspond à une réduction équivalente de son salaire. Obligé de produire à bon marché, l'industriel paiera ses employés moins cher. D'ailleurs, le bon marché n'est que passager. Il se maintient tant qu'il y a lutte : aussitôt que le plus riche a mis hors de combat tous ses rivaux, les prix remontent. Les consommateurs ne doivent donc pas trop se hâter de se réjouir, car ils ne tarderont pas à payer beaucoup plus cher qu'auparavant [1].

Généralement, en effet, la diminution des prix n'est que passagère. Très souvent, la lutte que provoque la concurrence est peu loyale, et elle ne se borne pas aux avantages résultant pour les gros commerçants de l'économie de frais généraux. On voit des commerçants vendre à perte pour écraser leurs rivaux, quitte à élever leurs prix plus tard. On trouve un exemple frappant de cet état de choses dans l'exploitation des chemins de fer, telle qu'elle se pratique en Angleterre et aux États-Unis. Quand il y a deux compagnies rivales, les prix s'abaissent dans des proportions démesurées, si bien que l'une doit bientôt disparaître. Le plus souvent elles fusionnent ensemble.

1. *Organisation du travail*, p. 77.

Dès que ce résultat est obtenu, il se produit une
élévation des tarifs. La liberté dont jouissent
aujourd'hui les associations provoque des com-
binaisons, licites au point de vue légal, mais qui,
en fait, seront souvent peu honnêtes. Il en est
ainsi des syndicats et des trusts. Chez nous, tout
récemment, un certain nombre de compagnies
d'assurances se sont syndiquées pour établir un
tarif uniforme, et plus élevé que celui qui était en
usage auparavant. On pourrait fort bien concevoir un syndicat gigantesque qui accaparerait la
production ou la vente d'une marchandise dans le
monde entier et ferait la loi aux consommateurs.
Il est vrai qu'on pourrait remplacer dans la consommation ce produit par un succédané, mais
s'il s'agissait d'un produit de première nécessité,
comme le blé, la coalition serait très dangereuse.

Il faut remarquer en outre que pour le petit
commerce, le commerce de détail, les effets de la
concurrence sont tout autres. Elle a plutôt une tendance à augmenter le nombre des commerçants.
En même temps elle provoque un renchérissement
général des prix, ce qui est facile à comprendre. Les
bénéfices devant se répartir entre un plus grand
nombre d'individus, ils devront être plus élevés. Le
marchand qui vend moins doit gagner davantage
sur chaque objet. C'est pour cela que, dans les

petites villes, on paie beaucoup plus cher que
dans les grands centres, bien que les frais généraux, tels que loyer et patente, soient moins
élevés.

Mais dans nos civilisations avancées, la concurrence est seule capable de diriger la vie économique, sans gêner la liberté individuelle. Elle
opère sans trouble et sans discussion la division
et la répartition des forces sociales. Elle pousse
les capitaux, les produits et les personnes vers
les lieux et les emplois où ils pourront rendre le
plus de services. Elle réduit au minimum, par
suite des prévisions minutieuses qu'elle exige, les
risques de perte, d'erreur et d'injustice. Sous le
régime de la liberté économique, il semblerait que
la production dût s'accomplir « dans les ténèbres
et au sein du chaos », suivant l'expression de Louis
Blanc. La concurrence est, par sa nature, un état
de lutte ; elle provoque entre les compétiteurs
un combat furieux. « Et comment s'appellent les
armes qu'on y emploie, dit Louis Blanc ? Elles
s'appellent falsifications, baisse systématique des
prix, mensonges, calomnies, ruses de toute
espèce [1] ». Elle est pourtant loin d'engendrer
l'anarchie, et le producteur intelligent obéit à des

---

1. *Organisation du travail*, p. 137.

règles sûres. A ce point de vue, elle a donné naissance à une institution qui la complète, les marchés et les bourses de commerce.

La principale cause qui influe sur le prix des
marchandises, c'est la loi de l'offre et de la demande. Si la production augmente, les prix
s'abaissent, et, inversement, ils s'élèvent quand
les produits deviennent rares. Les bourses de
commerce font connaître le prix moyen des marchandises ; on peut ainsi se rendre compte du rapport qui existe entre les propositions des vendeurs
et celles des acheteurs. Et si la demande se fait
rare et que les prix s'abaissent au point de n'être
pas suffisamment rémunérateurs, les industriels
n'auront qu'à restreindre leur production. Ils
l'augmenteraient au contraire, dans l'espoir de réaliser de gros bénéfices, si les prix s'élevaient. Dans
l'un et l'autre cas les prix ne tarderaient pas à se
rapprocher de leur niveau normal. Et ainsi, le
libre jeu des forces économiques aboutit au même
résultat que l'intervention de l'Etat préconisée par
Louis Blanc.

Il est vrai que, dans la pratique, il n'en est pas
toujours ainsi, et le rôle des bourses de commerce
a été dénaturé par l'usage des marchés à terme.
Tout serait très bien si les transactions interve-
naient toujours entre un producteur qui veut ven-

dre de la marchandise et un acheteur qui en a
besoin pour son usage personnel ou pour son
commerce. Mais la passion du jeu a tout envahi,
et le vendeur n'est souvent qu'un joueur qui espère réaliser un profit en revendant avec un léger
bénéfice des marchandises qu'il a achetées quelques jours auparavant et dont il n'a jamais eu
l'intention de prendre livraison. La spéculation
amène une hausse factice des prix qui retombera
sur le consommateur. Le commerce honnête fait
place à l'agiotage.

L'agiotage, dit Louis Blanc, prend naissance et
se développe aux époques de désordre moral et
d'anarchie économique, « comme les vers naissent
de la pourriture ». Il est le corollaire inévitable
du principe de l'offre et de la demande, « principe
qui soumet nécessairement la vie de l'industrie et
celle du commerce à des conditions aléatoires, à
des fluctuations de chaque jour ». Non seulement
l'agiotage est stérile, parce qu'il n'augmente pas
la richesse nationale, mais il est immoral parce
qu'il s'appuie sur le mensonge et sur la fraude. « Il
est lié à la propagation des fausses nouvelles, à
l'abus des secrets d'Etat, à l'absence de tout patriotisme, à l'astuce, à la trahison » [1]. Et tous les

1. *Histoire de la Révolution,* livre XIV, chap. III.

socialistes sont unanimes à flétrir l'agiotage, qui
détourne les capitaux des emplois productifs.

De nos jours, en effet, la spéculation pénètre
partout, et les grandes sociétés anonymes n'ont
souvent d'autre but que d'accroître l'énorme fortune de quelques gros financiers. Constituées à
grand renfort de réclame pour exploiter des entreprises merveilleuses, elles draînent par tout le
pays la petite épargne. Attirés par l'espoir de
grossir leurs revenus, les petits rentiers, les ouvriers laborieux, tous y apportent leurs économies. Les scandales du Panama sont encore pré-
sents à toutes les mémoires, et il faut reconnaître
qu'à ce point de vue rien n'est changé depuis
l'époque où Louis Blanc traçait des grandes compagnies le tableau suivant : « A la place des travaux publics, l'agiotage ; les gros joueurs enrichis,
et les actionnaires sérieux précipités dans la misère ; les concessions livrées argent comptant par
les fonctionnaires prévaricateurs ; les compagnies
rivales se disputant, par l'ignominie des pots de
vin, la protection des ministres, des chefs de bureau, des pairs de France, des députés, des hommes de cour, des principaux commis » [1].

1. *Histoire de dix ans.*

CHAPITRE IV

L'organisation du travail. — Les ateliers sociaux. — La répartition. — Louis Blanc et les socialistes de son époque.

La critique de l'organisation sociale actuelle est un point commun à toutes les doctrines socialistes. Le but du socialisme est la transformation de la société, et pour justifier les réformes il faut établir que l'ordre social est mauvais. Tous les socialistes s'accordent à proclamer que notre système économique et social est mauvais, mais ils diffèrent sur l'organisation future de la société idéale. Nous avons vu qu'au XVIIIe siècle, la plupart des réformateurs ne croient pas à la réalisation possible de leurs idées ; ils se bornent à la critique, ils veulent détruire sans savoir s'ils pourront reconstruire. Notre siècle est plus pratique, mais c'est ici le cas d'appliquer l'adage *Tot capita, quot census,* autant de publicistes, autant de systèmes.

D'ordinaire chacun tient à sa conception, et cette rivalité n'est pas le moindre des obstacles qui s'opposent à l'avènement du socialisme. C'est elle qui a empêché toute réforme d'aboutir en 1848, et les socialistes de l'époque n'ont pas eu de pire adversaire que Proudhon. Souvent, aux querelles de parti, vient s'ajouter l'animosité personnelle. Barbès craignant le triomphe de Blanqui fit échouer la manifestation du 15 Mai. C'est la rivalité entre Karl Marx et Bakounine qui provoqua en 1872 la dissolution de l'Association internationale des Travailleurs.

Le système de Louis Blanc est très simple. Proudhon, partisan de la liberté complète de l'individu et anarchiste, se servait de l'Etat pour établir le crédit gratuit : de même, Louis Blanc, qui se vante d'avoir prêté contre l'ordre social fondé sur la concurrence le serment d'Annibal[1], se sert de la concurrence pour transformer l'organisation économique, pour substituer à l'antagonisme des intérêts l'association universelle. Dans toute industrie capitale, dit-il, on fonderait à l'aide de ressources fournies par l'Etat à titre d'avances un *atelier social* qui, dans cette branche d'industrie

1. Discours à la Commission du Luxembourg : *Moniteur* du 7 avril 1848.

ferait la concurrence aux ateliers privés. L'Etat,
qui fournirait la première mise de fonds, rédige-
rait lui-même les statuts qui auraient « forme et
puissance de loi. » La première année, les ouvriers
n'ayant pas encore eu le temps de se connaître et
de s'apprécier, il règlerait la hiérarchie. Mais l'année suivante, les chefs d'atelier, gérants et direc-
teurs seraient élus par les ouvriers au suffrage universel[1].

La création de ces ateliers exigerait des capitaux considérables. Aussi, au début, on n'en établirait qu'un petit nombre à titre d'essai ; mais le
système s'étendrait rapidement, car les ateliers
privés ne pourraient soutenir longtemps la concurrence. Les ateliers sociaux auraient en effet
tous les avantages dont jouissent aujourd'hui les
gros industriels, économie de frais généraux résultant de la production en grand et emploi des machines. Ils auraient sur eux une supériorité incontestable, la plus grande productivité du travail des
ouvriers. Sous le régime actuel, l'ouvrier n'a aucun
intérêt à produire davantage ; toute la plus-value de
son travail doit accroître la part du patron. Il n'en
est plus de' même des travailleurs associés ; ils
cherchent à produire le plus possible pour augmen-

---

1. *Organisation du travail*, p. 105.

ter leurs bénéfices. D'ailleurs, l'excellence de l'institution sera tellement évidente qu'elle frappera tous les yeux, et, dès qu'un atelier social sera inauguré, tous y accourront en foule, sociétaires, travailleurs, capitalistes même.

Bien qu'il proclame hautement que toute propriété privée est viciée dans ses origines, Louis Blanc ne songe pas à dépouiller violemment les capitalistes. Il est l'ennemi de toute révolution violente. « L'amélioration du sort des travailleurs n'est pas affaire de coups de fusils, dit-il; c'est affaire de science[1] ». Il espère bien les voir disparaître, car, en association, il ne peut y avoir que des travailleurs ; mais ce résultat se produira par une lente évolution, par la force même des choses. Il arrivera un moment où le capital des ateliers sociaux sera tout entier aux mains des travailleurs. Les riches ne trouvant aucun emploi pour leurs capitaux en seront réduits à travailler. Et ainsi les oisifs, les parasites disparaîtront de la société. Mais actuellement on ne peut se passer complètement de leur concours, car l'établissement d'ateliers sociaux dans toutes les industries serait pour l'Etat une charge trop lourde. Louis Blanc, imitant en cela Fourier, fait donc appel à leur bonne

1. Conférence de Saint-Denis, 3 décembre 1876.

volonté, mais il ne va pas jusqu'à leur accorder
la participation aux bénéfices. Le capitaliste n'a
droit qu'à l'intérêt de son argent. Le travailleur
s'épuise et meurt, dit-il, mais le capital résiste aux
atteintes du temps. Voilà un millionnaire dont la
fortune a été gagnée par son trisaïeul dans des
spéculations plus ou moins honnêtes, « riche parce
qu'il s'est donné la peine de naître, comme le no-
ble de Beaumarchais », est-il juste que pendant
qu'il vit dans l'oisiveté et le luxe, sa part soit aussi
forte que celle de l'ouvrier qui fait fructifier le
million qu'il serait incapable de féconder lui-
même[1]. Aux disciples de Fourier qui lui objec-
taient que les capitalistes fuiraient ses entreprises
s'il ne leur accordait pas une part dans les bénéfices[2], Louis Blanc répond qu'il leur paiera l'intérêt à un taux suffisamment rémunérateur. Il estime
qu'il suffira de payer un peu plus cher que l'Etat
ne paie à ses créanciers. Du reste, ils n'auront pas
le choix, car à mesure que les ateliers sociaux se
multiplieront les placements deviendront de plus
en plus rares.

Le difficile problème de la répartition sera réglé
par les statuts qui, nous l'avons vu, auront « forme
et puissance de loi ». Tous les ans, on fera le

1. *Organisation du travail*, p. 168.
2. *La Phalange*, n° du 23 septembre 1840.

compte du bénéfice net, dont il sera fait trois parts : « l'une serait répartie par portions égales entre tous les membres de l'association ; l'autre serait destinée : 1° à l'entretien des vieillards, des malades, des infirmes ; 2° à l'allègement des crises qui pèseraient sur d'autres industries, toutes les industries se devant aide et secours ; la troisième enfin serait consacrée à fournir des instruments de travail à ceux qui voudraient faire partie de l'association, de telle sorte qu'elle pût s'étendre indéfiniment[1]. »

Toute la doctrine de Louis Blanc se trouve condensée dans cette formule de répartition ; c'est la solidarité des intérêts substituée à l'antagonisme résultant de la lutte pour la vie. Comme il le dira lui-même[2], elle a sa source dans l'Evangile et la doctrine de l'Evangile est une doctrine de paix, d'union et d'amour. Elle valut à son auteur une popularité immense et des critiques nombreuses. C'est une conception incomplète, disait Joseph Garnier, fille au moins de trois pères, le saint-simonisme, le fouriérisme et le communisme, avec le concours de la politique et d'un peu, de très peu d'économie politique. Elle est aujourd'hui complètement oubliée ; cependant son influence

1. *Organisation du travail*, p. 104.
2. *Assemblée Nationale*, séance du 25 août 1848.

sur le socialisme contemporain est indéniable ;
nous avons pu déjà le constater et nous le remar-
querons encore dans la suite. Lassalle s'en est
inspiré directement, et, après Louis Blanc, il pré-
conise le système des associations productives de
travailleurs commanditées par l'Etat [1].

Louis Blanc a répondu lui-même aux critiques
dont il a été l'objet. Il reconnaît avec Saint-Simon
que, dans nos sociétés modernes, la place prépon-
dérante appartient à l'industrie, mais il est loin
d'approuver toutes ses théories. La doctrine saint-
simonienne se résume dans une triple formule :

1° Association universelle fondée sur l'amour,
et par conséquent plus de concurrence ;

2° A chacun suivant sa capacité, à chaque capacité suivant ses œuvres ; et par conséquent plus
d'héritage ;

3° Organisation de l'industrie, et par conséquent
plus de guerres. La première et la troisième formule sont certainement conformes aux idées de
Louis Blanc ; ce qu'il demande, c'est l'association
universelle fondée sur la fraternité et sur l'amour.
Mais il ne croit pas que la seconde formule puisse
donner une répartition équitable. L'idéal vers
lequel doit tendre la société est celui-ci : produire

1. *Capital et Travail*, trad. B. Malon, p. 247.

selon ses forces, consommer suivant ses besoins.
Pour réaliser le parfait bonheur dans une société
arrivée au dernier terme de son développement,
il suffira de deux choses : d'abord que chacun
puisse développer librement ses facultés et ses
aptitudes, ensuite que chacun puisse contenter
pleinement ses besoins et ses goûts[1]. Le christianisme avait créé le dogme de la souffaance méritoire. Il disait aux malheureux : une heure de
souffrance sur la terre vous vaudra des siècles de
bonheur dans une autre vie ; et le peuple confiant
courbait la tête. La souffrance était sainte dans
l'apôtre se vouant aux privations les plus dures
pour la propagation des idées nouvelles, où il
croyait voir le bonheur de ses semblables[2]. Elle
ne peut être méritoire quand elle n'a d'autre but
que de permettre à quelques oisifs de vivre au
milieu des plaisirs.

Aujourd'hui, le peuple désabusé se demande
s'il n'est pas juste qu'il y ait place pour tous au
banquet de la vie. Dieu a créé tous les hommes
égaux en droit ; il a fait la terre assez féconde
pour que tous puissent y vivre largement. S'il
n'en est pas ainsi, c'est que les uns ont trop pen-

1. Discours à la Commission du Luxembourg, *Moniteur* du
7 avril 1848.
2. *Organisation du travail*, p. 6.

dant que les autres manquent du nécessaire. Récompenser chacun selon ses œuvres ne ferait qu'accentuer cette inégalité choquante. Si tous les hommes naissent égaux en droit, il existe entre eux de grandes inégalités de moyens : la nature fait des forts et elle fait des faibles ; elle accorde aux uns l'intelligence qu'elle refuse aux autres. Il en résulte que, bien qu'ayant des droits égaux, tous ne peuvent travailler et produire également. Comment d'ailleurs apprécier la valeur des œuvres de chacun ? Le génie ne peut se ramener à une unité qui sera sa mesure. Les grands hommes sont mieux récompensés par la conscience qu'il ont d'avoir bien servi l'humanité que par tous les biens terrestres. S'ils comptaient sur les avantages matériels qu'ils retireront de leurs travaux, ils seraient souvent déçus. La formule saint-simo-nienne devrait donc être remplacée par celle-ci : « De chacun suivant ses facultés, à chacun sui-vant ses besoins [1] ».

Louis Blanc réserve ses éloges pour Fourier, « homme de génie, qui devait mourir pauvre et ignoré [2] ». Ses théories présentent avec celles de Fourier de nombreuses analogies, et on ne com-prend guère les attaques auxquelles il a été en

1. *Histoire de la Révolution*, tome III, p. 38.
2. *Histoire de dix ans*, tome II.

butte de la part des phalanstériens. Le journal *la Phalange* fit de sa brochure sur l'*Organisation du Travail* une critique sévère[1]. Jules Lechevallier, dans une brochure ayant pour titre : « *Qu'est ce que l'Organisation du Travail* », range Louis Blanc parmi les communistes, « parce que l'égalité de répartition contient implicitement tous les dangers du communisme, et que le système des ateliers sociaux serait un despotisme industriel et une source de dépenses improductives ».

En harmonie, disait Fourier, tous travailleront avec ardeur et la productivité du travail sera plus grande. En association, dit Louis Blanc, les ouvriers travailleront avec beaucoup de zèle, parce qu'ils seront seuls à profiter de la plus value du travail. Tous seront solidaires et celui qui ne travaillerait pas selon ses forces se rendrait coupable vis-à-vis des autres d'un véritable vol. Et, pour que cette idée soit toujours présente à leur esprit, on plantera dans chaque atelier un écriteau avec cette inscription : « Dans une association de frères qui travaillent, tout paresseux est un voleur[2] ». Louis Blanc comprend d'ailleurs fort bien que la nature humaine n'est pas parfaite, et

---

1. *La Phalange*, n° du 23 septembre 1840.
2. Discours à la Commission du Luxembourg, *Moniteur* du 24 mars 1848.

il reconnaît que l'association universelle ne peut
être réalisée immédiatement. Il faut préparer le
peuple par une éducation appropriée. Et au début,
pour les associations fondées à titre d'expérience,
on aura soin de choisir des ouvriers qui se recom-
mandent par leur moralité[1]. Mais « l'éducation
fausse et antisociale » de la génération présente
sera bientôt réformée, et le système pourra être
généralisé.

C'est encore l'inspiration de Fourier qu'on
retrouve dans un projet présenté par Louis Blanc
à la Commission du Luxembourg dans la séance
du 5 mars 1848. Il demandait la création, dans les
quatre quartiers les plus populeux de Paris, de
quatre établissements dont chacun pourrait conte-
nir environ quatre cents ménages d'ouvriers. Par
la consommation sur une grande échelle, les
ouvriers réaliseraient une économie sensible sur
la nourriture, le logement, le chauffage et l'éclairage. Les dépenses diminuant, il en résulterait
par contre-coup une augmentation du salaire
sans que le chiffre en soit changé. Chaque famille
aurait son logement séparé, mais il y aurait des
salles communes, bibliothèque, crèches, salles
d'asile, école, jardin, etc. ; en un mot les ouvriers,

1. *Organisation du travail*, p. 103.

tout en ayant leur intérieur, pourraient se récréer en commun avec tout le confort désirable. Chaque établissement coûterait environ un million. L'Etat en ferait l'avance, et il se procurerait les fonds nécessaires au moyen d'un emprunt [1].

Le projet n'aboutit pas. Il fut critiqué par Mallarmet qui prétendit que les ouvriers ainsi favorisés feraient aux autres une concurrence déloyale. Sous l'effet de la loi de l'offre et de la demande, le salaire tend à se réduire à la somme strictement nécessaire pour vivre. L'ouvrier qui dépense moins se contentera d'un salaire moins élevé, et l'institution, fondée pour améliorer le sort des malheureux, aboutira à la création d'un petit nombre de privilégiés en face desquels la misère de la foule ne sera que plus sensible. Il faut reconnaître que cette objection subsiste dans toute sa force, même si, comme le voulait Louis Blanc, on choisit les privilégiés parmi les plus chargés de famille, car les classes ouvrières sont prolifiques, et on ne pourra secourir toutes les misères.

Louis Blanc veut que le travail soit attrayant, et, à ceux qui prétendent que c'est impossible, il répond que l'expérience a déjà été tentée avec

1. *Moniteur* du 9 mars 1848.

succès. On s'aperçut quelques jours avant le
14 juillet 1790, date fixée pour la célébration de
la fête de la Fédération, que le Champ de Mars
ne pourrait être prêt. Les ouvriers manquaient.
Alors on vit accourir une foule de volontaires.
Tous mélangés, sans distinction de classe, travaillaient avec ardeur. Là, on voyait Siéyès et Beau-
harnais qui piochaient côte à côte, et auprès d'eux
les chartreux conduits par Dom Gerle. « Est-il
besoin de dire qu'au travail se mêlait le plaisir ?
A chaque instant passaient des soldats affublés
d'un capuchon ou des moines sous le casque ; les
guimpes voltigeaient à côté des longs mirzas des
chananéennes ; le tombereau qui partait plein de
terre revenait chargé du groupe rieur des jeunes
femmes qui concouraient auparavant à le traîner.
Les théâtres se signalèrent, assure une actrice
dans ses mémoires. Chaque cavalier choisissait
une dame à laquelle il offrait une bêche bien
légère, ornée de rubans, et, musique en tête, on
allait au rendez-vous universel ». Et il ajoute :
« Ainsi fut appliquée cette THÉORIE DU TRAVAIL
ATTRAYANT, loi certaine de l'avenir et que l'esprit
de notre XIX⁰ siècle a si puissamment mise en
lumière [1] ». On croirait lire la description faite par

1. *Histoire de la Révolution*, tome IV, p. 316.

Fourier du travail harmonien ; rien n'y manque, pas même le son des fanfares.

C'est une expérience précédant la théorie de près d'un demi-siècle, mais il faut avouer qu'elle est moins concluante que ne le croit Louis Blanc. M. Gide a dit quelque part : « une seule expérience sociale qui réussit prouve plus que dix qui échouent[1] ». L'expérimentateur qui voit le succès couronner ses efforts, réussira de nouveau, pourvu qu'il opère dans des conditions identiques. Mais l'expérience du Champ de Mars n'est guère concluante. On était alors en pleine fièvre révolutionnaire. On venait d'abolir tous les droits seigneuriaux et féodaux, l'individu était émancipé par la conquête des droits politiques ; on croyait que l'avènement de la fraternité allait renouveler l'âge d'or des poètes. Un tel état d'esprit ne se retrouvera probablement jamais. Il est permis d'ailleurs de douter de la productivité du travail accompli dans de pareilles conditions. Les dames avec leur « bêche bien légère, ornée de rubans », ne devaient pas remuer beaucoup de terre et un nombre plus restreint d'ouvriers bien exercés aurait certainement fait beaucoup plus d'ouvrage.

1. *Revue d'économie politique.*

Dans les sciences physiques et naturelles, une expérience suffit, en cas de succès, pour prouver l'exactitude de la thèse soutenue. On peut toujours créer à nouveau les circonstances dans lesquelles le phénomène s'est produit. On opère sur des choses inanimées que l'homme peut manier à son gré. Mais dans les sciences sociales il n'en est plus ainsi, car les sujets sont des êtres vivants et pensants. L'esprit humain, à la différence des animaux et de la matière brute, est essentiellement changeant. Les abeilles d'aujourd'hui font encore leur ruche comme au temps de Virgile, mais peut-on comparer les huttes des anciens Gaulois avec nos habitations modernes ? « L'homme est un être ondoyant et divers », a dit avec raison Montaigne. Son caractère varie suivant l'âge des individus et suivant les climats. Telle organisation sociale qui réalisait l'âge d'or il y a deux mille ans, engendrera peut-être la haine aujourd'hui. Tel régime qui assure la prospérité aux races asiatiques ne conviendrait nullement en Europe. C'est le tort de la plupart des réformateurs, et souvent des économistes, de croire que leur système peut être appliqué dans tous les pays et dans tous les temps. Quesnay ne proposait-il pas à notre admiration le despotisme de la Chine ? En sociologie, il faut procéder par étapes; l'évolution donnera de meilleurs résultats que la Révolution. Louis Blanc, qui appartenait cependant au parti radical, était convaincu du danger des changements trop brusques. « La question sociale, dit-il, est trop compliquée pour être résolue d'un seul coup... Il ne faut pas dédaigner les réformes partielles [1] ».

Une erreur assez répandue tend à comprendre Louis Blanc parmi les communistes. Il a en effet certaines affinités avec eux par le caractère sentimental de sa doctrine. Comme eux, il croit que le sentiment du devoir sera suffisant pour maintenir le bon ordre dans la société. Certains critiques ont prétendu, en outre, que l'égalité absolue était le terme définitif assigné par lui à la société. Certaines phrases de son ouvrage sur l'*Organisation du Travail* ont pu prêter à la confusion sur ce point, celle-ci par exemple : « Comme l'éducation fausse et antisociale donnée à la génération actuelle ne permet pas de chercher ailleurs que dans un surcroît de rétribution un motif d'émulation et d'encouragement, la différence des salaires serait graduée sur la hiérarchie des fonctions, une éducation toute nouvelle devant sur ce point changer les idées et les mœurs [2] ».

1. Discours de Marseille. 21 septembre 1879.
2. *Organisation du travail*, p. 103.

La pensée de Louis Blanc sur ce point semble
un peu flottante. Peut-être craint-il de s'avancer ?
Il apparaît bien, au moins au début, que son idéal
était l'égalité de répartition. Peu à peu, ses idées
se sont modifiées, et les critiques dont il a été
l'objet n'ont sans doute pas été étrangères à ce
changement. Comme nous l'avons déjà remarqué
précédemment, tous les membres de la société ne
seront pas rétribués également. Les hommes ont
des besoins inégaux, et pour qu'ils puissent les
satisfaire également, il faudra qu'ils aient un salaire
non pas identique, mais proportionnel à leurs
besoins. Certes, aucun communiste n'a poussé
aussi loin le souci de l'égalité, et on peut dire que
la répartition, telle que la conçoit Louis Blanc,
c'est du communisme quintessencié. Ce résultat
ne peut être atteint immédiatement parce que le
peuple est encore trop ignorant. On l'y préparera
par une éducation spéciale. Pour le moment, on
maintiendra l'inégalité des salaires, et on corri-
gera ce qu'elle a de défectueux par l'égalité des
bénéfices [1].

Le communisme flatte principalement les appétits grossiers de la foule. Cabet raconte qu'en
Icarie, il y avait des melons gros comme des

1. Discours à la Commission du Luxembourg. *Moniteur* du
7 avril 1848.

citrouilles. Le triomphe du communisme ce serait
l'égalité dans la médiocrité. Son idéal c'est
l'absorption de l'individu dans l'Etat, l'asservis-
sement de la pensée dans toutes ses manifestations, livres et écrits périodiques, sciences et arts.
Louis Blanc, au contraire, exalte les sentiments
les plus nobles. Il veut l'égalité, « non pas cette
égalité morne et stérile qui consiste dans l'abaissement du niveau général, mais celle qui consiste
au contraire dans son élévation continue, progres-
sive, indéfinie. Car, suivant une belle parole de
saint Martin, tous les hommes sont égaux, cela
veut dire tous les hommes sont rois [1] ». L'homme
doit pouvoir exercer librement son activité intel-
lectuelle et morale. Certains droits sont intangibles : liberté de conscience, liberté de la propagande par la voie de la presse ou de la tribune,
droits de réunion et d'association. Ce sont des
droits naturels qui préexistent à toutes les lois
humaines. On doit les entourer de garanties par-
ticulières et les mettre à l'abri des atteintes du
pouvoir.

Sous le régime communiste, l'Etat est le souverain dispensateur de toutes choses. Il centralise
tous les objets produits et les répartit entre les

---

1. Commission du Luxembourg. *Moniteur* du 1er mai 1848.

citoyens. L'Etat est tout et l'individu n'est rien. Louis Blanc n'a jamais songé à confier à l'Etat un rôle aussi étendu. Tous les membres de l'atelier social auront la libre disposition de leur salaire [1]. Les objets de consommation seront donc susceptibles d'appropriation privée, et seul le capital productif sera la propriété indivise et inaliénable de la collectivité.

Louis Blanc ne veut pas que l'Etat soit omnipotent. La souveraineté réside dans le peuple qui la délègue à qui bon lui semble.

Mais il ne suffirait pas de fonder l'association dans un seul atelier. En rester là serait substituer à la concurrence entre patrons la lutte entre associations et elle ne serait pas moins meurtrière. « L'association ne constitue un progrès qu'à la condition d'être universelle [2] ». Il faudrait donc étendre l'association entre tous les ateliers de même nature. Pour cela les ouvriers nommeraient au suffrage universel un conseil d'administration qui serait chargé de veiller aux intérêts de tous. Les membres de ce conseil fixeront le prix de revient et le montant du bénéfice à prélever, de façon à établir un prix uniforme. Ils établiront, « dans tous les ateliers de la même industrie, un

1. *Organisation du travail*, p. 102.
2. *Organisation du travail*, p. 81.

salaire non pas égal, mais proportionnel, les conditions de la vie matérielle n'étant point identiques sur tous les points de la France[1] ». Le
conseil procédera à la répartition du fonds de
secours entre les ateliers en souffrance, et il pourra
même supprimer les ateliers qui seraient dans des
conditions trop défavorables pour la production.
Il décidera de la création des ateliers nouveaux et
des subventions qui leur seront accordées sur la
part des bénéfices affectée à cette destination.

Enfin, au sommet de tous les ateliers des différentes industries, un conseil supérieur aura pour
mission de veiller au maintien de l'harmonie dans
la vie économique de la nation, et d'assurer la
solidarité entre les travailleurs de tout genre.

Ainsi Louis Blanc, imitant en cela certains collectivistes modernes, déclare que les associations
isolées seront toujours stériles. « Nous avons vu,
dit-il, dans ces dernières années s'établir une foule
de sociétés en commandite. Qui ne sait les scandales de leur histoire?[2] ». Le mouvement coopératif a commencé vers 1830; il s'est développé
parallèlement en Angleterre avec Robert Or-
ven, en France avec Buchez, en Allemagne avec

1. Projet de ministère du Travail. Assemblée nationale,
séance du 10 mai 1848.
2. *Organisation du travail*, p. 81.

Schultze-Delitzch. Ce dernier fut vivement pris à
partie par Lassalle, qui avait repris pour son
compte le projet des ateliers sociaux de Louis
Blanc. En créant seulement quelques associations,
dit-il, on pourrait venir en aide à une poignée de
travailleurs, « les transformer en bourgeois en les
transportant dans des conditions bourgeoises,
mais jamais on ne pourrait améliorer la situation
du prolétariat [1] ». Les résultats sont venus confirmer les paroles de Lassalle. La plupart des sociétés coopératives qui ont réussi ne sont plus que
des associations de patrons, employant des salariés souvent très nombreux, comme les lunettiers.
Ils sont même plus avides que certains patrons
bourgeois qui ont introduit dans leurs ateliers le
système de la participation aux bénéfices.

C'est une des raisons pour lesquelles les socialistes condamnent les sociétés coopératives de
production, qu'ils accusent de détourner les
ouvriers de la lutte des classes. Cependant, aujourd'hui, sous l'influence de cette fraction du
parti socialiste que nous avons qualifiée d'oppor-
tuniste, on semble un peu revenu de cette pré-
vention. Cela tient à ce que certaines associations coopératives, comme la boulangerie de Gand,

1. Lassalle. Op. cit., p. 260.

fondée par Anseele, ont fort bien réussi, et une partie des bénéfices est consacrée à la propagande socialiste. En France, on avait espéré le même rôle pour la verrerie ouvrière d'Albi, mais jusqu'ici cette attente a été trompée et le succès n'est pas venu couronner les efforts.

Chez nous, les sociétés coopératives de production jouissent d'un véritable régime de faveur. Comme le fait remarquer avec raison M. Hubert-Valleroux[1], on en a fait une véritable classe de privilégiés. En 1848, un décret de l'Assemblée nationale, rendu sur la proposition de Louis Blanc, avait mis à la disposition du gouvernement un crédit de trois millions pour encourager les associations d'ouvriers et les associations mixtes d'ouvriers et de patrons. On répartit seulement 856,000 fr. entre 26 sociétés ouvrières ; dix-sept de ces sociétés avaient déjà disparu en 1855. Actuellement, il y a chaque année au budget un crédit de 150,000 fr. qui sont répartis entre les sociétés en subventions variant de 500 à 5,000 fr. Non content de leur accorder des secours, le gouvernement a créé pour elles une situation exceptionnelle. Dans les adjudications de travaux publics, à rabais égal, elles sont préférées aux parti-

1. Hubert-Valleroux. *Les associations coopératives en France et à l'étranger.*

culiers ; l'administration peut même traiter de gré
à gré avec elles pour les travaux peu importants.
Si le montant des travaux ne dépasse pas 5o.ooo fr.
elles sont dispensées de fournir un cautionnement,
avantage important si l'on songe que les entrepreneurs qui n'ont pas d'avances sont obligés
d'emprunter à 5 et 6 °/o, tandis que l'Etat leur
verse seulement un intérêt de 2 1/2 °/o. Enfin, elles
sont payées par acomptes tous les quinze jours.

D'où vient que malgré tant d'efforts les sociétés
coopératives de production ne prospèrent pas.
Cela tient à des causes nombreuses. D'ordinaire
elles ont des débuts très pénibles et il faut aux ouvriers une force d'âme peu commune pour résister. La verrerie ouvrière d'Albi a pu se constituer
avec des capitaux importants provenant de la générosité de donateurs philanthropes, mais il n'en
est pas toujours ainsi. Les mineurs de Rive-de-
Gier ont dû se contenter pendant plusieurs mois
d'un salaire de un franc et de deux francs par jour
et beaucoup, découragés, abandonnèrent l'entreprise. Si on considère ce qu'ont dû endurer au
début les membres de certaines sociétés, on n'est
pas surpris qu'ils refusent d'accepter de nouveaux
adhérents, pour ne pas partager le profit avec ceux
qui n'ont pas été à la peine. Il est même étonnant
qu'avec le régime de concurrence, les sociétés ou-

vrières puissent résister. Louis Blanc le disait
avec raison, le succès appartient toujours aux
gros capitaux. Or les capitaux ne sont pas du
côté des ouvriers. Le plus souvent ils n'ont d'autre capital que leurs bras, et ils souscrivent, pour
satisfaire la loi, des actions qui ne seront jamais
libérées. Comment pourront-ils lutter contre les
capitalistes ? La moindre crise économique les
fera succomber. L'industriel qui a des avances
peut attendre. Si un engorgement se produit sur
le marché, son personnel pourra chômer pendant
quelque temps, mais il n'en souffrira pas lui-
même. Au contraire, l'ouvrier, qui vit au jour le
jour, a besoin de son salaire pour vivre. Les fournisseurs ne lui feront pas crédit longtemps. De là,
pour les travaux publics, le paiement d'acomptes
tous les quinze jours. Si la crise se prolonge, elle
n'aura d'autre issue que la liquidation de la société.

Les associations coopératives ne se heurtent pas
seulement aux défiances des socialistes : la bourgeoisie les voit également d'un mauvais œil. La
clientèle bourgeoise ne veut pas les employer ni
acheter leurs produits. Elle ne tient pas à favoriser des institutions qui tendent à rien moins qu'à
révolutionner la société. Les fournisseurs de matières premières, craignant de ne pas être payés,

hésitent à leur vendre. Il est vrai qu'elles ont trouvé
un débouché important auprès des associations
coopératives de consommation, qui ont pris une
grande extension depuis un demi-siècle et sont en
pleine prospérité. Et tout porte à croire que leur
nombre ira toujours croissant.

Cependant, il ne faudrait pas se faire trop d'il-
lusions sur les avantages qui en résulteraient pour
la classe ouvrière. Toutes les coopératives qui se
fondent ont plutôt en vue l'intérêt particulier de
chacun de leurs membres, que le profit commun
du prolétariat. Leur point de départ est donc tout
autre que celui de Louis Blanc, qui a en vue le
bonheur de l'humanité toute entière. Ce but ne
peut être réalisé par les sociétés coopératives.
Elles arriveraient difficilement à tout englober
dans leur réseau, et les socialistes contemporains
ont raison d'affirmer qu'elles n'aboutiront qu'à
transformer un petit nombre d'ouvriers en patrons.
Il serait donc vain d'en attendre la suppression du
prolétariat. Louis Blanc l'a compris, et c'est pour
cela qu'il proposa l'association universelle, avec
l'intervention et sous le patronage de l'Etat[1]. Malheureusement, la réalisation de son plan ne nous
apparaît pas comme prochaine. En 1806, Fourier

1. *Organisation du travail*, p. 110.

écrivait : « Aujourd'hui, jour du Vendredi Saint, j'ai trouvé le secret de l'Association universelle. » Près d'un siècle s'est écoulé depuis cette découverte, et l'organisation sociale n'est pas changée. Il ne faut pourtant pas désespérer de l'avenir. D'ardents penseurs, des économistes distingués ont pris en mains la direction du mouvement coopératif ; des politiques éclairés consacrent leurs efforts à encourager la mutualité. Ces institutions impuissantes par elles-mêmes à transformer la société, auront au moins pour résultat d'améliorer l'éducation sociale des ouvriers, et elles pourront faciliter l'avènement d'un régime basé sur la fraternité et la solidarité des intérêts.

CHAPITRE V

L'agriculture. — Les ateliers sociaux agricoles.

Depuis Henri IV et Sully, l'agriculture est toujours restée étrangère aux préoccupations des pouvoirs publics. Les réformateurs eux-mêmes l'ont presque tous négligée. C'est en vain qu'au XVIIIe siècle, l'école physiocratique tenta une réaction. La terre est la source de toute richesse, disaient Quesnay et ses disciples. Le commerce et l'industrie ne sont que des arts stériles et improductifs. S'ils ne vont pas jusqu'à dire, comme le fera Fourier, que les commerçants sont des parasites sociaux, ils demandent au moins que leur nombre soit aussi restreint que possible. Leurs théories devaient se perdre dans le grand orage de la Révolution, et le développement extraordinaire de la grande industrie devait bientôt donner aux

8

pensées une direction nouvelle. L'industrie, sœur
cadette de l'agriculture, a fait oublier son aînée.

« Qu'on nous cite, dit Louis Blanc, un gouvernement qui, depuis la Révolution, se soit occupé
de l'agriculture d'une manière sérieuse et suivie ! [1] » Le tumulte des villes a étouffé la plainte
des campagnes. Les législateurs et les publicistes,
confiants sans doute dans les paroles de Virgile :

« *O fortunatos nimium sua si bona norint,*
Agricolæ [2] ».

ont laissé les cultivateurs goûter en paix leur bonheur.

Benoît Malon l'a dit avec raison : « Le point
faible du socialisme moderne a été d'être trop
exclusivement industriel [3] ». Jusqu'ici, les paysans
ont toujours été réfractaires aux doctrines socialistes. La population agricole est une sorte de
rempart opposé à l'invasion du socialisme, et
tout porte à croire qu'il en sera encore longtemps ainsi. Les socialistes accusent le caractère routinier et profondément conservateur des
ruraux. Leur esprit est lent et réfléchi, et ils
sont longs à s'assimiler les idées nouvelles. Que

1. Louis Blanc. *Le nouveau monde industriel.*
2. Virgile. *Géorgiques.*
3. Benoît Malon : *Le socialisme intégral.*

d'efforts il a fallu pour les amener à faire profiter
la culture des découvertes de la science ! D'ailleurs
ce n'est peut-être pas sans raison qu'ils s'écartent
du socialisme. Le paysan est un sage qui n'agit
pas sans réfléchir. Avant d'adopter un système de
réformes, il veut savoir ce qui en résultera, et,
jusqu'à une époque assez récente, où l'Américain
Henry Georges et César de Pœpe ont fait la théorie du socialisme agraire, les écrivains socialistes
avaient généralement négligé la réforme agricole.
Louis Blanc avait compris la nécessité d'instruire
le cultivateur des avantages qu'il retirera du socialisme. « Que gagneront les campagnes, dit-il,
au triomphe du socialisme ? Que fera le cultivateur
quand elle sera sortie du suffrage universel, la république démocratique et sociale ? Voilà ce que
les paysans demandent, voilà ce qu'ils ont le droit
de demander [1] ».

Sans être optimiste, d'ailleurs, on peut remarquer que la misère est moins grande dans les
campagnes qu'à la ville. En France, les grands
propriétaires terriens sont rares. Souvent le
cultivateur est en même temps propriétaire, et
il récolte à peu près tout ce qui est nécessaire
à son entretien. Le fermier lui-même, qui ex-

1. Louis Blanc, *Le nouveau monde industriel.*

ploite le champ d'autrui, jouit d'une indépendance relative. Il n'est pas astreint à un travail
assidu comme l'ouvrier d'industrie. La séparation
des classes sociales est aussi moins tranchée : à la
ville, le patron est un bourgeois ; l'ouvrier le rencontre dans la rue et le luxe de ses équipages lui
fait ressentir davantage sa misère : à la ferme,
patron et ouvrier travaillent ensemble, et leurs
relations sont cordiales. Quelquefois, comme l'ouvrier des petits ateliers au moyen âge, ils man-
gent à la même table, ils vivent « aux mêmes pot,
feu et chanteau ». On conçoit, dans de telles conditions, que l'ouvrier, content de son sort, se désintéresse de la lutte des classes et qu'il ne tienne
pas à l'avènement d'un état social qui ne lui donnera peut-être pas autant de bonheur.

Les deux fléaux des campagnes, nous dit Louis
Blanc, sont le fisc et l'usurier. Pour le paysan, le
Pouvoir, c'est le percepteur, car c'est le seul agent
qu'il connaisse. Aussi, « interrogez-le sur la politique, il vous répondra : la politique, c'est l'impôt ! Interrogez-le sur la tyrannie, il vous répondra : la tyrannie, c'est l'usure[1] ». Ces maux sont
encore le sujet des plaintes des cultivateurs. Sans
doute, l'usure, au sens propre du mot, n'existe

1. Louis Blanc. *Le nouveau monde industriel.*

plus, mais le prêt à intérêt existe encore, et il est
encore le ver rongeur de la petite propriété rurale.
Le paysan aime la terre avec passion. Son unique
ambition est d'arrondir son champ, et si une propriété voisine vient à se vendre, il la paiera, s'il
le faut, le double de sa valeur, sauf à emprunter
l'argent nécessaire s'il ne le possède pas. Il paiera
ainsi un intérêt plus élevé que le revenu de la
terre, et ses dettes iront sans cesse en augmen-
tant, jusqu'au jour où il sera exproprié à la pour-
suite de ses créanciers. L'impôt est également une
lourde charge pour l'agriculture, et jamais les
protestations n'ont été plus ardentes qu'à l'heure
actuelle. Des propriétaires aisés en sont venus
à laisser saisir leurs biens à la requête de l'Etat
pour attirer l'attention des pouvoirs publics sur
ce point. La question de l'impôt est certainement
celle qui touche le plus les cultivateurs, et, aux
élections législatives, on les voit voter avec enthousiasme pour les candidats qui leur promettent la
réduction des charges fiscales, sans même se demander si cette réduction est possible.

Une autre cause de souffrance pour l'agriculture, c'est la dépopulation des campagnes provenant en grande partie de l'émigration des popula-
tions rurales vers les villes. « L'industrie fait la
concurrence à l'agriculture ». Les bras manquent

pour cultiver la terre, et les propriétaires, menacés de voir les ouvriers les quitter pour aller travailler dans les fabriques, doivent élever très haut le taux des salaires pour les retenir. Ce n'est pas assez que « les grandes villes soient les foyers de l'extrême misère, il faut encore que la population des campagnes soit invinciblement attirée vers ces foyers qui doivent la dévorer ». Et Louis Blanc accuse les chemins de fer, instruments de progrès, de favoriser cet exode[1]. La population des villes augmente en effet dans des proportions exagérées, et son accroissement nouveau est constaté à chaque recensement quinquennal. Cependant le chiffre des naissances reste stationnaire et il s'équilibre à peu près avec le nombre des décès. On ne peut donc attribuer cette augmentation qu'à l'afflux des ruraux vers les villes, que vient favoriser la commodité des moyens de transport. Mais l'agriculture ne souffre pourtant pas du défaut d'ouvriers autant que beaucoup le prétendent. L'émigration se produit surtout dans les pays pauvres, où la population est en excès, et où le sol n'est pas suffisamment fertile. C'est à elle qu'il faut attribuer la prospérité de certaines régions. Dans la Creuse et le Limousin, par exem-

1. *Organisation du travail*, p. 36.

ple, les émigrants quittent rarement leur pays
sans esprit de retour. Ils y reviennent presque
tous passer la saison d'hiver et ils font profiter
le commerce local de l'argent qu'ils ont gagné à
la ville.

Il est inexact également de prétendre que la
petite propriété rurale tend à disparaître. Elle a
même beaucoup mieux résisté aux effets de la concurrence que la propriété industrielle ou commer-
ciale. D'après le recensement de 1892, on comptait encore en France 54 1/2 o/o de patrons dans
l'industrie agricole. Si l'on en croit l'avis de Louis
Blanc, l'extrême division des propriétés rurales
doit amener la constitution d'une oligarchie ter-
rienne, analogue à la féodalité financière et industrielle dont il a précédemment signalé les progrès.
Il est impossible au petit cultivateur, dit-il, de
soutenir la concurrence avec le grand propriétaire. La terre réclame sans cesse des améliora-
tions coûteuses : c'est un marécage qu'il faut drai-
ner ; c'est une lande inculte, couverte d'ajoncs et
de genêts, qu'il faut défricher ; c'est un champ qui
produirait deux fois plus si on y répandait des
engrais chimiques. Le gros propriétaire, qui a des
capitaux, n'hésitera pas, car il est sûr que la terre
lui rendra au centuple les avances qu'il aura
faites. Mais le petit cultivateur, qui s'est déjà en-

detté pour faire l'acquisition du champ, ne pourra
l'améliorer qu'en empruntant à nouveau, s'il
trouve du crédit. Vienne une mauvaise récolte, il
ne pourra se libérer et son champ sera vendu à la
requête de ses créanciers[1].

Actuellement, l'emploi des machines vient encore accroître l'inégalité de moyens qui existe
entre la grande et la petite culture. Pour pouvoir
utiliser les machines, il faut deux choses : l'argent et l'espace. Les machines coûtent cher, et
pour les acheter il faut des avances que n'a pas
le cultivateur qui possède seulement quelques
hectares de terre. Et en supposant même qu'il
puisse se les procurer, il n'aurait aucun avantage
à s'en servir[2]. Elles ne sont d'un usage commode
que dans les champs d'une certaine étendue. En
un mot, « le morcellement du sol, c'est la petite
culture, c'est-à-dire la bêche substituée à la
charrue, c'est-à-dire la routine substituée à la
science ».

Il y a plus d'un demi-siècle que ces critiques
tombaient de la plume de Louis Blanc. Depuis
cette époque, les faits sont venus lui donner un
démenti formel. Le nombre des petites exploita-

1. *Organisation du travail*, p. 81.
2. Ibid., p. 82.

tions rurales n'a pas diminué. Certains économistes, notamment M. Ch. Gide, affirment même
qu'il a augmenté en France[1]. Il en voit la cause
dans la loi, qui consacre le morcellement des
héritages, et que Louis Blanc croyait insuffisante
pour atteindre ce résultat[2]. Il ne faut pas le
regretter, car les avantages de la grande culture
sur la petite sont illusoires. Si le produit net est
plus élevé dans les grandes exploitations, inversement le produit brut est proportionnellement
plus fort dans les petites. Les Etats-Unis qui ont
des champs immenses produisent à peine 10 ou
12 hectolitres à l'hectare, tandis que la moyenne
du rendement est de 15 hectolitres en France, 22
en Belgique et 27 en Hollande. Aussi, la petite
culture convient mieux pour nourrir une population très dense. Si la grande culture était en usage
en Chine, où un hectare de terrain doit suffire à
la vie de 15 ou 20 personnes, les trois quarts de
la population mourraient de faim.

Le mode de culture le plus avantageux est celui
où le propriétaire cultive lui-même, car, dans
l'industrie agricole, la surveillance des salariés
est beaucoup plus difficile que dans l'industrie

1. Ch. Gide. *Principes d'Economie politique.*
2. Louis Blanc. *Organisation du travail.* p. 81.

manufacturière. Aussi, la meilleure organisation agricole serait celle où les cultivateurs seraient tous propriétaires d'un domaine peu étendu, qu'ils feraient valoir eux-mêmes.

Cette organisation ne serait pas incompatible avec le système des associations agricoles. Les petits propriétaires, tout en exploitant séparément, pourraient acheter en commun des machines et des engrais. Leur travail serait ainsi allégé, et, achetant par grandes quantités, ils paieraient moins cher. C'est ce que font aujourd'hui les syndicats agricoles, qui, malheureusement, sont encore peu nombreux. Le paysan, à l'esprit fermé et peu expansif, s'est presque toujours montré jusqu'ici hostile à toute idée d'association.

Louis Blanc avait élaboré en 1849 un plan d'association agricole sur le type des ateliers sociaux. Suivant lui, l'industrie ne devait pas faire oublier l'agriculture, et la réorganisation devait se faire dans toutes les branches du travail.

Les terrains nécessaires à l'établissement des colonies agricoles seraient fournis par les communes. Le domaine communal, qui a été très important sous la Révolution, a été aliéné en grande partie depuis cette époque. Il serait facile de le reconstituer promptement : il suffirait de décréter que les successions collatérales feront retour à la commune[1]. Ce domaine communal, qui ne pourrait que s'étendre, serait inaliénable.

Comme pour l'industrie, l'initiative de la réforme agricole serait laissée à l'Etat, qui achèterait aux communes leur domaine. Il se procurerait les ressources nécessaires par la socialisation de la Banque de France, des chemins de fer, des canaux et des mines.

Le fonctionnement serait à peu près identique à celui des ateliers sociaux créés dans l'industrie. Le directeur serait d'abord nommé par l'Etat, puis il serait élu par les ouvriers lorsqu'ils auraient eu le temps de s'apprécier. Le personnel serait composé en partie de cultivateurs et en partie d'ouvriers exerçant des professions qui se rattachent à l'agriculture. Il y aurait par exemple des charrons et des maréchaux-ferrants. Suivant l'expression de Vidal : « ce serait le mariage fécond de l'agriculture et de l'industrie[1] ».

Au début, le directeur déciderait seul de l'admission de nouveaux membres ; mais dans la suite, les travailleurs associés pourvoiraient, par eux-mêmes ou par un conseil élu, au recrutement de l'atelier, et ils régleraient seuls toutes les ques-

---

1. *Organisation du travail*, p. 113.
1. Vidal : *Vivre en travaillant ou mourir en combattant*.

tions relatives à la discipline intérieure de l'atelier. Ils pourraient prononcer le renvoi d'un ouvrier coupable d'avoir violé les statuts.

« Seulement, toute association agricole fondée par l'Etat, devrait l'être d'après le principe d'une paternelle solidarité, de manière à acquérir en se développant un capital *collectif inaliénable et toujours grossissant*, seul moyen, nous l'avons dit souvent et il importe de le répéter, d'arriver à tuer l'usure, grande ou petite, et de faire que le capital ne fût plus un élément de tyrannie, la possession des instruments de travail un privilège, le crédit une marchandise, le bien-être une exception, l'oisiveté un droit[1] ».

La répartition des bénéfices serait réglée par les statuts, qui auraient « forme et puissance de loi », et tous les ouvriers associés seraient tenus de s'y soumettre.

On prélèverait d'abord le salaire qui serait égal pour tous, au moins par catégorie. Le taux serait fixé par le conseil d'administration. On mettrait également à part les frais généraux d'exploitation, entretien du matériel existant et acquisition de matériel nouveau, intérêt du capital avancé par l'Etat.

---

1. Louis Blanc. *Le nouveau monde industriel.*

Le surplus, formant le bénéfice net, serait divisé
en quatre parts égales et réparti ainsi :

« Un quart pour l'amortissement du capital
fourni par l'Etat ;

« Un quart pour l'établissement d'un fonds de
secours destiné aux malades, aux vieillards et aux
infirmes de la colonie ;

« Un quart à partager entre les travailleurs
proportionnellement au nombre des journées de
travail ;

« Un quart enfin pour la formation d'un fonds
de réserve affecté à la réalisation du principe de
mutuelle assistance et de solidarité entre les
divers ateliers nationaux [1] ».

La répartition de ce dernier quart sera faite par
un conseil supérieur placé au sommet de tous les
ateliers sociaux.

Il y aurait d'ailleurs un conseil spécial aux
ateliers agricoles, qui veillerait à l'observation des
règles de la solidarité entre eux.

Chaque colonie se consacrerait exclusivement à
la production la plus avantageuse suivant la nature
du sol et le climat. On éviterait ainsi les déperdi-
tions de forces résultant d'une culture qui n'est
pas appropriée au terrain. On mettrait en applica-

1. Louis Blanc. *Le nouveau monde industriel.*

tion les découvertes de la science, et les colonies agricoles seraient de véritables champs d'expérience qui serviraient d'exemple aux autres cultivateurs.

Tel est le plan de Louis Blanc qui n'est certainement pas utopique et irréalisable. L'association agricole, dont la possibilité est mise en doute par beaucoup d'économistes, réussirait aussi bien que les sociétés industrielles ou commerciales. Lassalle constate qu'un économiste anglais, Henri Fawcett, se prononce nettement en leur faveur[1]. Les difficultés sont à la vérité plus grandes que dans l'industrie. A la campagne, le sol nourrit son homme, et la détermination du bénéfice net exige une comptabilité compliquée. Le paysan réfléchit beaucoup avant d'agir ; il se concentre en lui-même et n'aime pas que ses voisins s'immiscent dans ses affaires. De là son antipathie pour une organisation qui l'obligerait à agir au grand jour. Il faudrait que l'expérience fût tentée par des capitalistes philanthropes, ou, à leur défaut, par l'Etat. Il faudrait faire pour l'agriculture ce que Godin, Leclaire et quelques autres ont fait pour l'industrie. Une tentative couronnée de succès a été faite en Suisse. La Société agricole de production et de

1. LASSALLE. *Capital et travail*. Traduction B. Malon, p. 270.

consommation, fondée par Gschwind à Birseck, près Bâle, dans l'Obervil, est en pleine prospérité.

Chez nous, l'Etat consacre chaque année des crédits importants en subventions destinées à encourager les écoles nationales d'agriculture et les fermes-écoles. Il rétribue des professeurs départementaux d'agriculture qui vont faire périodiquement des conférences publiques dans les communes importantes. Ces conférences sont peu suivies : d'ordinaire, elles n'ont aucune utilité pratique. Elles traitent de questions trop générales, exposées en un langage technique dont les cultivateurs saisissent difficilement le sens. Il en est de même de l'enseignement agricole donné dans les écoles spéciales ou dans les fermes modèles. Un agriculteur intelligent, élevé à la campagne, sera plus capable de cultiver que l'ingénieur bourré de science qui sort de l'Institut agronomique. Aussi, les crédits ainsi employés pourraient être consacrés plus fructueusement à encourager des expériences sociales.

L'Etat a fait beaucoup du reste en faveur de l'agriculture, en facilitant la reconstitution des biens fonds, par la pratique connue sous le nom de *commassation*. La loi du 23 octobre 1884 a réduit à un chiffre insignifiant les droits d'enregis-

trement sur les échanges d'immeubles ruraux si-
tués dans la même commune ou dans des communes limitrophes. Beaucoup de petits propriétaires en profitent pour agrandir leurs champs.
Ils évitent ainsi la perte de temps qui résulte du
morcellement et il leur est plus facile d'utiliser les
machines, qu'ils peuvent louer si leurs moyens ne
leur permettent pas d'en devenir possesseurs. Il
faut souhaiter que cette pratique se répande davantage dans les campagnes.

CHAPITRE VI

Le commerce. — Le crédit. — La monnaie.

Il a été donné à l'économie politique moderne
de mettre en lumière l'utilité du commerce. Le
commerce ne crée pas la richesse; il n'ajoute rien
à l'aptitude à satisfaire nos besoins que possède
la richesse déjà créée; il a pour objet de mettre la
chose produite entre les mains de celui qui doit la
consommer et, à ce titre, il est indispensable dans
nos grandes nations modernes où le troc primitif
serait très difficile à pratiquer.

Les physiocrates n'avaient pas vu ce rôle du
commerce, et, pour eux, les commerçants étaient
une classe stérile. Louis Blanc partage cette idée,
et il appelle le commerce « le ver rongeur de la
production ». Dans l'ordre social actuel, on ne
peut se passer des commerçants, mais il faut faire
en sorte que leur nombre soit aussi restreint que
possible. Pour cela on pourrait généraliser le sys-

9

tème qu'emploient aujourd'hui les maisons de
commerce considérables, et créer, partout où les
besoins de la consommation l'exigent, des magasins et des dépôts.

« Fourier, dit-il, qui a si vigoureusement attaqué l'ordre social actuel, et après lui Victor Considérant, son disciple, ont mis à nu, avec une lo-
gique irrésistible, cette grande plaie de la société
qu'on appelle le commerce. Le commerçant doit
être un agent de la production, admis à ses bénéfices et associé à toutes ses chances [1]. »

En effet, le commerce fait vivre aujourd'hui une
foule d'individus dont l'activité pourrait être employée beaucoup plus utilement ailleurs. Il occa-
sionne des frais énormes et souvent superflus qui
retombent en dernière analyse sur le consommateur. On a remarqué par exemple que le beurre
de Normandie, accaparé par de gros négociants,
était acheté à Paris par les marchands qui appro-
visionnent la consommation de la région. Il revient ainsi au pays de production, majoré du prix
d'un transport inutile et de la commission des intermédiaires. Benoit Malon nous cite le cas d'un
cultivateur du Lot qui, sur un envoi de fruits à
Paris vendu 600 fr., toucha seulement 73 francs.

2. *Organisation du travail*, p. 113.

Un pêcheur ne reçut que 3 francs sur un lot de poissons vendu 3o francs[1]. Fourier, ancien commis de magasin, avait senti toutes les iniquités que recèle le commerce. Un jour, à Marseille, il avait été chargé de couler une cargaison de riz que son patron, dans l'attente de la hausse, avait laissé corrompre. Aussi, il est convaincu de la nécessité de réorganiser le commerce, et c'est à lui que remonte la première idée des magasins généraux, dont le système devait être repris par Louis Blanc, et qui fait partie du programme collectiviste.

Le commerce, tel qu'on le comprend aujourd'hui, ne peut exister concurremment avec les ateliers sociaux. Les grands magasins ne sont pas moins nuisibles aux petits boutiquiers que les usines aux ateliers.

L'organisme commercial doit être réduit à sa plus simple expression. Pour atteindre ce but, on déposera tous les produits fabriqués dans des dépôts publics. Il en sera donné un récépissé ou warrant transmissible par endossement. Le possesseur de ce récépissé pourra l'échanger soit contre de l'argent, soit contre d'autres objets.

La vente se fera dans des bazars dont les

1. Benoit MALON. *Le Socialisme intégral,* tome II.

employés, nommés par l'État, seront de véritables fonctionnaires. On prélèvera 5 o/o pour frais généraux, et le compte de chacun sera arrêté tous les quinze jours. A ce moment, si l'objet warranté a été vendu, le porteur du warrant pourra en retirer le prix, déduction faite du 5 o/o. L'État réalisera de la sorte de gros profits, car les frais d'administration ne s'élèveront pas à plus de 2 1/2 o/o. Il emploiera l'excédent à doter le budget du travail.

Les désiderata socialistes ont reçu satisfaction sur ce point dans une certaine mesure. Une loi du 28 mai 1858 a institué des magasins généraux où peuvent être déposés des matières premières ou des objets fabriqués. Le droit d'autoriser l'ouverture de ces établissements, d'abord réservé au gouvernement, a été transféré aux préfets par la loi du 31 août 1870. Le concessionnaire doit verser un cautionnement entre les mains de l'État, pour garantir les déposants des risques de faillite ou autres. Les tarifs doivent être approuvés par le préfet. C'est à cela que se borne le rôle du pouvoir, dont le profit consiste uniquement dans le droit de timbre établi sur le warrant.

Mais l'institution actuelle est loin de remplir complètement le rôle qu'avaient rêvé les socialistes. Les magasins généraux sont peu nombreux, parce

que leur création est laissée à l'initiative privée.
Les particuliers, qui ont surtout en vue leur intérêt personnel, ne demandent à en fonder que dans
les villes importantes où ils sont assurés d'un
chiffre d'affaires suffisant. Or, dans la pensée
socialiste, telle que nous la trouvons chez Louis
Blanc et telle qu'elle existe encore aujourd'hui
chez certains collectivistes, la base de la nouvelle
organisation serait la Commune. Chaque commune
serait le siège d'un atelier social en même temps
que d'un magasin général. Tels qu'ils fonctionnent
actuellement, les magasins généraux ne servent
qu'à augmenter les bénéfices de quelques gros
industriels qui, placés à proximité, en profitent,
et peuvent ainsi diminuer l'étendue des locaux
consacrés à leur commerce. Les magasins généraux, d'ailleurs, ne servent qu'au commerce de
gros, tandis que les socialistes ont surtout en vue
le commerce de détail.

L'industrie des transports, qui a pour objet
d'enlever les marchandises du lieu de production
pour les mettre à la disposition de celui qui doit
les consommer, fait partie intégrante du commerce.
Aujourd'hui, les transports se font en grande partie par voie ferrée, et c'est ce qui donne à la question des chemins de fer une grande importance.

Louis Blanc a vu construire les premiers che-

mins de fer ; il a été témoin des discussions que
leur organisation a soulevées. Il s'est mêlé lui-même
à la lutte, et, dans les colonnes du journal *le Bon
Sens,* il s'est prononcé en faveur de l'exploitation
directe par l'Etat. Il approuve le projet présenté
au nom du gouvernement par Martin (du Nord),
ministre du commerce, en 1838, qui avait pour
objet la construction et l'exploitation par l'Etat de
neuf grandes lignes de voies ferrées, et il se prononce nettement contre la concession aux compagnies.

Mais le projet ne fut pas plus tôt connu qu'il
souleva les fureurs de la bourgeoisie dominante.
« L'exécution des chemins de fer par l'État enle-
vait en effet aux banquiers, aux faiseurs d'affaires,
aux joueurs de l'industrie, aux capitalistes des
deux Chambres, une proie sur laquelle ils avaient
compté ». On prétendit que l'État était incapable
d'exécuter de grands travaux, et que les lignes
projetées seraient construites beaucoup plus vite
et plus économiquement par des compagnies gui-
dées par leur intérêt privé[1]. Aussi la cause de
l'Etat fut soutenue en la circonstance par le parti
républicain, et la campagne en sa faveur fut
menée par les journaux de l'opposition comme

1. Louis Blanc. *Histoire de dix ans,* V, chap. XI.

le National, le Journal du Peuple, et *le Bon
Sens.*

On ne voyait pas, ajoute Louis Blanc, le danger
que pouvait faire courir à l'État les grandes
sociétés qui, avec leurs milliers d'employés,
constituent un véritable « État dans l'État ». On
créait une féodalité nouvelle dont le joug serait
d'autant plus difficile à briser qu'il serait d'or.
Et, si les compagnies se trouvaient composées
d'hommes antinationaux, quelle carrière ouverte
à la trahison dans une circonstance critique ! ² »
Les moyens de transport ont en effet, en cas de
guerre, une importance capitale. Les soldats du
premier empire disaient que Napoléon faisait la
guerre avec leurs jambes. Aujourd'hui, les voies
ferrées suppléent les jambes; mais les conditions de
la guerre n'ont guère changé, et, en cas de conflit,
la victoire serait à la nation qui pourrait concen-
trer rapidement ses forces. Les chemins de fer ont
donc un intérêt stratégique très grand, et on ne
comprend pas que l'État, qui s'est réservé le monopole de la fabrication de la poudre, laisse à des
particuliers le soin d'assurer les transports. L'ano-
nymat des associations n'est pas fait pour encourager leur patriotisme, et elles se soucieront

2. Louis Blanc. *Histoire de dix ans,* V, chap. xi.

plutôt de l'accroissement de leurs dividendes que du succès de nos armes.

Avant d'accaparer les chemins de fer, la féodalité financière avait déjà acquis le monopole du crédit. D'après Louis Blanc, l'objet du crédit doit être d'assurer des instruments de travail aux ouvriers. Or, il est loin d'en être ainsi. Aujourd'hui, les banques privées ne font aucune avance, sans qu'on leur offre des garanties sérieuses. Et, si elles agissaient autrement, elles marcheraient à une ruine certaine [1]. Pour organiser le crédit, l'État a investi d'un privilège exorbitant une société de gros financiers qui ne songent qu'à augmenter leurs bénéfices. La Banque de France n'accepte pas à l'escompte le papier du pauvre. C'est la banque de la bourgeoisie; propriété de quelques barons de la finance, elle ne fait des avances qu'aux gens aisés [2].

Pour que le crédit remplisse sa mission, il faudrait créer avec le concours de l'État une Banque du peuple. La banque d'État pourrait consentir des prêts à l'homme laborieux et honnête qui a envie de travailler et qui n'a d'autre garantie que sa parole. Il faut que l'intelligence du pauvre ait

1. *Organisation du travail*, p. 113.
2. *Histoire de dix ans*, tome III, chap. III.

autant de valeur comme gage que les choses matérielles possédées par le riche. Les bénéfices réalisés par l'État serviront à l'amortissement de la dette publique[1].

D'ailleurs, quand les ateliers sociaux seront en plein fonctionnement, le crédit sera inutile. A ce moment, la fraternité et la solidarité règneront dans la société. L'ouvrier n'aura plus besoin de recourir au crédit, puisqu'une part des bénéfices sera consacrée à l'extension de l'association et servira ainsi à procurer des instruments de travail à ceux qui n'en ont pas[2].

Dans une société bien organisée, le prêt à intérêt ne doit pas exister. On ne laissera pas subsister « le privilège exorbitant accordé à certains membres de la société de voir leur fortune se reproduire et s'accroître par le travail d'autrui ». L'usage des instruments de travail doit être commun à tous : il n'est pas juste que pour s'en servir l'ouvrier soit assujetti à payer une redevance. L'usure a été condamnée par l'Evangile et flétrie par les pères de l'Église ; il appartient au socialisme de la faire disparaître et de détruire le dernier des despotismes, celui de l'argent[3].

1. *Histoire de la Révolution*, tome III, p. 240.
2. *Organisation du travail*, p. 114.
3. *Histoire de la Révolution*, t. III, p. 95.

La légitimité du prêt à intérêt n'est plus guère contestée que par les socialistes. Elle est le corollaire indispensable du droit de propriété. Tout capital provient de l'épargne, et l'épargne suppose, au moins à l'origine, un prélèvement sur le nécessaire, une privation. Il est juste que le possesseur du capital soit indemnisé. L'argument d'Aristote qui disait que jamais un écu n'a enfanté un autre écu, n'a plus aujourd'hui aucune importance. Le capital est un facteur de la production au même titre que le travail et les agents naturels. Les socialistes le reconnaissent puisqu'ils prétendent que l'ouvrier ne peut s'élever par ses seules forces, et s'ils contestent le droit à l'intérêt, c'est parce qu'il dérive du droit de propriété qui est lui-même illégitime.

Au crédit se rattache intimement la question du billet de banque. Très souvent le possesseur d'un capital hésitera à le prêter ; l'emprunteur en a généralement besoin pour un temps assez long pendant lequel il pourrait être nécessaire à son propriétaire. Cet inconvénient disparaîtra si le titre qui constate le prêt peut être transmis de la main à la main, sans aucune formalité. On a ainsi une véritable monnaie qui a pour gage l'obligation contractée par le débiteur. Pour Louis Blanc, la circulation monétaire doit être réduite à son strict minimum. La monnaie métallique doit servir uniquement au commerce extérieur ; à l'intérieur, on n'emploiera que la monnaie de papier.

Il n'ignore pas d'ailleurs la supériorité du métal sur le papier. « Le papier, dit-il, est fragile, il est combustible, il est sujet à changer de couleur, il est facile à contrefaire, il se salit, il se déchire, il se perd. Le métal, au contraire, or ou argent, se divise, se réunit, sans que sa valeur soit jamais altérée ; qu'on l'expose à l'air, qu'on le confie à la terre, qu'on le plonge dans l'eau, qu'on lui donne le feu à traverser, il reparaîtra toujours identique à lui-même, ayant toujours le privilège d'assurer à son débiteur le même commandement sur toute chose[1] ».

Le papier n'a aucune valeur par lui-même ; c'est une monnaie toute conventionnelle, « il n'est qu'un signe ». Le métal a une valeur intrinsèque qui provient de sa rareté et des usages industriels auxquels on peut l'employer. « Il ne représente pas seulement les objets échangeables, il les vaut ; il n'en est pas seulement le signe, il en est le gage[1] ».

Un danger non moins grand du papier mon-

1. *Histoire de la Révolution*, tome IV, p. 130.
2. Ibid., tome IV, p. 131.

naie, c'est la faculté avec laquelle on peut le mul-
tiplier. L'émission de monnaie métallique ne peut
être exagérée ; la production des mines est à peu
près uniforme, et une partie des métaux précieux
est employée par l'industrie. Aussi la quantité de
monnaie existant dans le monde varie dans une
faible proportion par rapport au stock. Au contraire, aucune cause naturelle ne vient restreindre
la fabrication de la monnaie de papier. Un gouvernement besogneux pourra oublier qu'elle n'est
qu'un signe qui n'a de valeur qu'autant qu'il correspond à un gage réel. C'est ce qui s'est produit
pour les assignats. A l'origine, ils représentaient
une valeur certaine ; c'était une obligation hypo-
thécaire contractée par l'Etat, avec affectation en
garantie des domaines nationaux qui ne pouvaient
être vendus immédiatement que dans des conditions défavorables. L'émission de douze cents millions décrétée le 29 septembre 1790 était loin
d'atteindre la valeur des biens nationaux, et le
gage était aussi sûr que l'encaisse métallique de la
Banque de France. Mais, dans la suite, les besoins
de l'Etat ne firent qu'augmenter. La Convention
se trouva dans une situation terrible. Il fallait
résister à l'Europe entière, entretenir sur le pied
de guerre quatorze armées. Il ne faut pas s'étonner qu'elle se soit laissé tenter, et qu'à bout de

ressources elle ait émis des billets qui ne corres-
pondaient plus à aucune valeur. Et, de même que
Louis Blanc, je ne saurais l'en blâmer, car les
assignats, en lui fournissant la monnaie qui lui
manquait, ont contribué puissamment au succès
de la Révolution.

Ce danger du papier monnaie, qui est fondé
dans une monarchie absolue, perd de son importance dans un gouvernement entouré d'un système de garanties. Les rois que l'histoire a flétris
du nom de rois faux-monnayeurs, auraient pu se
procurer des ressources au moyen du papier-monnaie beaucoup plus facilement et à moins de frais
que par l'altération des monnaies. Nul doute qu'ils
n'eussent usé du procédé s'il eut été connu et si
leur crédit le leur avait permis. Mais dans une
république, et même dans une monarchie constitutionnelle, quand le peuple est chargé de sur-
veiller lui-même l'administration des finances, le
danger est bien atténué[1]. Il faudra des circonstances exceptionnelles pour qu'on descende jusqu'à l'abus. Un Etat pourrait ainsi se procurer en
temps de crise des ressources que les banques ne
lui fourniraient qu'à un taux usuraire. En 1871,
en France, le gouvernement décréta le cours forcé

1. *Hist. de la Révolution*, t. I, p. 241.

des billets de banque, dont il faisait ainsi un véritable papier-monnaie, et, en retour la Banque lui faisait des avances au taux de 6 p. 100. Si on avait eu affaire à une banque d'Etat, on n'aurait pas eu à payer cet intérêt usuraire et on aurait ainsi réalisé une économie d'autant plus appréciable que les circonstances étaient critiques.

La monnaie de papier peut atténuer les effets désastreux du manque de numéraire. La monnaie n'est pas seulement le signe représentatif des valeurs, elle est aussi l'instrument des échanges. Si le moyen-âge a été, au point de vue économique, une époque stationnaire, cela tient en grande partie à la pénurie de numéraire qui existait alors. C'est ce qui contribua à induire en erreur les économistes de la période mercantile, qui, frappés de la misère de l'époque qui les avait précédé, considérèrent l'or et l'argent comme les seules richesses.

Louis Blanc ne méconnaît pas cette fonction de la monnaie, et il sait fort bien que « les sources directes de la richesse sont les progrès de la culture, l'emploi de l'activité de tous, les découvertes de la science, la sagesse des institutions et des lois[1] ». Mais si la monnaie ne crée pas la richesse,

1. *Hist. de la Révolution*, t. I, p. 235.

elle contribue à la répandre. La prospérité d'un peuple, dit-il, consiste dans son capital, et ce capital, « la monnaie sert à le répandre par la circulation, à la manière du sang qui fait courir la vie dans nos veines ». Et à ce point de vue on peut dire « qu'une augmentation de numéraire ajoute à la valeur d'un pays ». Qu'arriverait-il dans un pays qui ne connaîtrait pas l'usage du papier-monnaie et dont tout le numéraire serait réduit à un seul écu ? Cet écu ne pouvant se diviser à l'infini, on devrait recourir pour les échanges au troc primitif, et la vie économique serait ainsi paralysée[1].

Bien qu'on n'ait pas à craindre de voir l'hypothèse de Louis Blanc se réaliser, le stock monétaire ayant actuellement une tendance à s'accroître par suite de la découverte de nouveaux gisements de métaux précieux, l'argument n'en conserve pas moins sa valeur. Les nécessités du commerce moderne exigent des envois d'argent nombreux qui se font beaucoup plus facilement et avec moins de frais au moyen des billets de banque. L'émission devrait d'ailleurs être limitée, car, en l'exagérant, on provoquerait une crise analogue à celle qui a été causée par les assignats ; et, pour être

---

1. *Hist. de la Révolution*, t. I, p. 237.

différents, les effets de la surabondance ne sont
pas moins désastreux que ceux du manque de
monnaie. On pourrait d'ailleurs retirer de la circulation toute la monnaie existante, et le gouvernement règlerait l'émission des billets suivant les
besoins du commerce.

On ne voit guère la possibilité de supprimer
complètement la monnaie dans notre civilisation.
On peut cependant concevoir un état social sans
monnaie, et c'est là l'idéal rêvé par certains socialistes, notamment par les collectivistes. Sous le
régime collectiviste, tout le monde travaillera et la
rémunération consistera en bons de travail qu'on
pourra échanger contre les objets nécessaires aux
besoins. Rien ne s'oppose d'ailleurs à ce qu'on
prenne pour commune mesure le franc comme on
le fait aujourd'hui [1].

Pour Louis Blanc, la suppression de la monnaie
métallique ne peut être que le complément d'une
transformation générale de la société. Turgot et
les économistes de son école, dit-il, ont posé en
principe que la monnaie doit être elle-même une
marchandise. Et Turgot a émis sous forme d'axio-
me la proposition suivante : « Une monnaie de
pure convention est chose impossible. » Il avait

1. Cf. Ch. Gide. — *Principes d'Economie politique*, 5ᵉ édition, p. 272.

raison, dit Louis Blanc, eu égard à l'ordre social qu'il avait en vue, « ordre social fondé sur l'individualisme, sur la haine et le désarmement du principe d'autorité, sur l'universel antagonisme des intérêts, c'est-à-dire sur un perpétuel et inévitable système de défiance [1]. Avec le régime de concurrence, la monnaie de papier ne peut être qu'un expédient, appelé à rendre des services dans certaines circonstances critiques. Il en a été ainsi des assignats qui ont été « la monnaie de la Révolution, la vraie monnaie républicaine [2] ». Ce qui convient à un régime semblable, c'est une monnaie marquée au coin de la défiance, qui, par sa valeur intrinsèque, assure à son détenteur la possession de la richesse. Il en serait tout autrement dans une société basée sur la solidarité des intérêts et la convergence des efforts. Le crédit personnel, celui qui repose sur la valeur d'un homme, remplacerait le crédit «matériel», celui qui a besoin d'être garanti par une chose. Ce qui conviendrait à une telle société, «ce serait la monnaie des promesses qu'on tient et auxquelles on croit, ce serait la monnaie de l'association, la monnaie démocratique par excellence, le papier [3] ».

1. *Histoire de la Révolution*, tome I, p. 239.
2. Ibid., tome XII, p. 197.
3. Ibid., tome IV, p. 131.

Le papier-monnaie est encore inférieur au métal
en ce qu'il est par nature essentiellement national.
Il tire sa valeur de la loi et du crédit de l'État qui
l'a émis. Or l'autorité des lois d'un pays ne dépasse pas la frontière. La nation qui adopte le
système du papier-monnaie doit donc renoncer
au commerce extérieur, pour lequel la monnaie
métallique est indispensable. Si elle agit autrement, et si elle veut, par exemple, conserver à la
fois la monnaie et le papier, elle marche à sa ruine.
En vertu de la loi de Gresham, elle verra bientôt
son numéraire disparaître et émigrer à l'étranger.
La monnaie fait prime et les prix s'élèvent. C'est
ce qui eut lieu pour les assignats. Pendant la Révolution, on a pu dire avec raison que la France
était comme une ville assiégée. Toutes les relations
avec l'extérieur étaient rompues. La thésaurisa-
tion seule pouvait faire disparaître l'or et l'argent,
et les effets de cette disparition étaient atténués
par la mesure révolutionnaire du maximum qui
empêchait les prix de s'élever au-dessus d'un certain chiffre. Mais dès que le maximum fut aboli,
et que la défaite des souverains eut amené la reprise du commerce avec l'étranger, l'assignat per-
dit sa valeur. Le gage qui le garantissait, bien qu'il
fût réel, n'avait pas grande utilité parce qu'il n'était
pas exigible à vue. Aussi l'acheteur se vit obligé

de donner une valeur décuple pour la même quantité de marchandises. L'assignat n'était qu'une
mesure révolutionnaire qui ne pouvait survivre
aux causes qui l'avaient fait naître [1].

En ce qui concerne le commerce extérieur, ce
qu'il appelle « le problème des douanes », Louis
Blanc commence par donner un bref aperçu des
systèmes en présence. D'un côté, dit-il, ceux qui
pensent que l'État doit intervenir pour protéger
l'industrie nationale au moyen de droits d'entrée
établis sur les produits étrangers. De l'autre ceux
qui pensent que les importations et les exporta-
tions doivent être absolument libres. Les prohibi-
tions ont à leurs yeux le tort d'encourager certaines industries qui ne sont pas nées viables, et elles
servent les intérêts d'un petit nombre d'individus
au détriment de la masse des consommateurs.
D'ailleurs nous ne pouvons espérer vendre nos
produits à l'étranger si nous n'acceptons pas sur
nos marchés les produits des autres nations. Un
troisième système, qui paraît d'abord assez puéril,
dit qu'il faut maintenir le protectionnisme toutes
les fois qu'il est utile, et y renoncer dans le cas
contraire [2].

1. *Histoire de la Révolution*, tome XII, p. 178.
2. *Organisation du travail*, p. 186.

Louis Blanc ne veut de l'intervention de l'Etat que lorsqu'elle est utile pour assurer la liberté. Aussi il n'est pas partisan du système prohibitif. La question, dit-il se ramène à celle de la concurrence. Tant que le régime de libre concurrence existera on devra maintenir le système protecteur. « La concurrence est un régime de hasard ; elle encourage l'imprévoyance, elle absout d'avance toutes les témérités[1] ». Il ne faut pas s'étonner si sous son empire sont nées tant de conceptions folles, si beaucoup d'industries ont été essayées qui auraient dû rester dans le néant. L'intervention des tarifs protecteurs est nécessaire pour éviter des crises qui frapperaient par contre-coup d'autres industries que celles qui devraient disparaître.

Si l'Etat se décidait à prendre l'initiative de la réforme de l'industrie, il en serait tout autrement. La concurrence étant supprimée, on produirait à moins de frais et on pourrait rivaliser sans peine avec l'étranger. Les objets qu'on n'aurait aucun avantage à fabriquer seraient achetés au dehors. « Le meilleur, le seul moyen de détruire la concurrence que les étrangers viennent nous faire sur nos marchés, c'est de détruire la concurrence que

1. *Organisation du travail*, p. 189.

nous nous y faisons nous-mêmes les uns les autres[1] ». Pour pouvoir obtenir sans trouble la liberté du commerce, il faut remplacer par un régime d'association ce qu'on a décoré du nom trom-
peur de liberté de l'industrie.

Il y a cependant des produits qui en certaines circonstances ne doivent pas bénéficier de la liberté
générale : ce sont les objets de première nécessité
et notamment le blé. Aujourd'hui, la question de
la libre circulation des grains n'a plus qu'un intérêt historique. Les droits de douanes qu'on établit sur les blés sont le plus souvent des droits
d'entrée, et ils n'ont d'autre but que de favoriser
l'agriculture indigène et de lui permettre de soutenir la concurrence avec les produits étrangers.
On n'attache généralement pas plus d'importance
aux droits établis sur les blés qu'à ceux qui frappent les autres marchandises.

Au siècle dernier, il était loin d'en être ainsi.
La mauvaise culture des terres et l'insuffisance des moyens de transport provoquaient
des famines fréquentes. De là, pour le pouvoir, la nécessité d'intervenir pour assurer par
des mesures appropriées la subsistance des
citoyens.

1. *Organisation du travail*, p. 191.

Louis Blanc, après l'abbé Galiani, considère le blé comme une marchandise à part, qui doit être placée en dehors des règlements généraux du commerce. Il appuie cette idée sur ce fait que, lorsque deux nations sont en conflit, les vivres sont considérés comme contrebande de guerre aussi bien que la poudre et les munitions. « Galiani, dit-il, avait eu grandement raison de dire que si le blé, en tant que production du sol, peut être considéré comme appartenant à la législation économique et au commerce, il relève de la politique à un point de vue supérieur et constitue, en tant que nourriture essentielle du peuple, le but suprême de la sollicitude du gouvernement, dans certaines situations données [1] ». Dans les années de mauvaise récolte, les pouvoirs publics doivent veiller à la subsistance du peuple; ils pourront prohiber l'exportation des grains et farines et même favoriser l'importation par des primes.

Une question plus délicate est celle de savoir si l'État peut intervenir pour fixer le prix de toutes les marchandises en général et plus spécialement celui du blé et des objets de première nécessité. Lui reconnaître ce droit, c'est ad-

1. *Histoire de la Révolution*, tome XII, p. 9.

mettre l'ingérence des pouvoirs publics dans les affaires privées, c'est ouvrir la porte au socialisme.

La Convention, sous la pression des circonstances, avait tenté d'établir un maximum du prix des marchandises. Des commissaires furent chargés de rechercher le prix que chaque marchandise valait en 1790 au lieu de sa production ou de sa fabrication. On ajouta à ce prix, augmenté d'un tiers et des frais de transport, un bénéfice de cinq pour cent pour le marchand en gros, et de dix pour cent pour le marchand en détail, et la somme ainsi obtenue forma le maximum du prix de vente. Les commissaires terminèrent leur œuvre en deux mois, et de ce gigantesque travail de statistique sortit le décret du 29 septembre 1793, qui établissait un maximum pour tous les objets de première nécessité.

Mais ce décret était inspiré par les clameurs de la foule ameutée plutôt que par les préoccupations socialistes. De même que les assignats, c'était une mesure révolutionnaire plutôt qu'une tentative de réforme[1]. Créé par un décret du 3 mai 1793 pour les grains et les farines, il fut étendu à toutes les marchandises par un autre décret du 1er novembre

1. *Hist. de la Révolution,* tome X, chap. vi.

de la même année. Il fut aboli le 24 décembre 1794.
Il n'avait pas été observé partout, ce qui prouve
que, d'ordinaire, lorsque le pouvoir prend des
mesures restrictives de la liberté économique, il
est impuissant à les faire respecter.

———

CHAPITRE VII

L'héritage. — La famille. — Le droit de propriété.

La propriété, l'héritage et la famille sont trois institutions unies entre elles par les liens d'une dépendance étroite. L'héritage est fondé sur la propriété, et la solidarité qui existe entre tous les membres de la famille repose en grande partie sur l'unité d'intérêts créée par l'existence d'un patrimoine commun. Aussi, la suppression de l'une de ces institutions ébranle par contre-coup l'existence des deux autres. Tel n'est pas cependant l'avis de Louis Blanc, qui, en maintenant la famille, prétend détruire seulement l'hérédité et la propriété privée. « La famille et l'hérédité ne sont inséparables que d'une manière relative, et dans un certain ordre social[1] », dit-il. Tant que la société

1. *Organisation du travail*, p. 204.

n'est pas transformée, il serait dangereux de supprimer l'héritage.

Dans la société actuelle, la prévoyance pater-nelle est nécessaire pour aider l'enfant à triom-pher dans la lutte pour la vie. Si un jeune homme sort de sa famille sans autres ressources que ses mérites il se heurtera à des obstacles nombreux ; il arrivera peut-être à triompher par un labeur acharné, mais souvent aussi il succombera. Le père de famille soucieux de l'avenir de ses enfants devra se préoccuper de leur laisser un capital, afin de leur assurer un succès plus facile. Mais si l'on transforme le milieu où nous vivons, et qu'à l'an-tagonisme des intérêts on substitue l'association, il n'en est plus ainsi. La prévoyance sociale prend la place du père de famille. L'enfant est assuré d'avoir une part du capital collectif aussitôt qu'il aura atteint l'âge adulte. La famille ne doit pas avoir d'autre rôle que de guider les premiers pas de l'enfant et de présider à son éducation. « Pour l'enfant, la protection de la famille ; la protection de la société pour l'homme »[1].

Le principe d'hérédité, tel qu'on le conçoit ac-tuellement, est profondément immoral. On voit les fils de famille, criblés de dettes, attendre avec im-

1. *Organisation du travail*, p. 201.

patience la mort de leur père, qui les rendra riches et leur permettra de désintéresser leurs créanciers. L'existence de l'héritage porte atteinte à la sainteté de la famille[1].

C'est le principe d'hérédité, appliqué à la couronne royale, dit Louis Blanc, qui fut la principale cause de la situation délicate faite à Marie-Antoinette à la cour de France. Le comte de Provence, qui escomptait le célibat de Louis XVI pour lui succéder sur le trône, furieux de voir ses espérances déçues, répandit toutes sortes de calomnies contre la reine. « Le principe d'hérédité corrompt, il détruit dans leur germe les affections de famille[1] ».

D'ailleurs, la meilleure preuve que la famille peut exister sans l'héritage, c'est qu'on la trouve dans les classes pauvres aussi bien que chez les riches. Cependant le pauvre n'a d'ordinaire aucun patrimoine qu'il puisse transmettre à ses descendants[3].

La famille est une institution sacrée : elle est l'œuvre de Dieu; comme lui elle est sainte et immortelle. Elle relève des lois naturelles, et elle doit être placée en dehors et au-dessus de toutes

1. *Organisation du travail*, p. 202.
2. *Histoire de la Révolution*, livre Ier, chap. Ier.
3. *Organisation du travail*, p. 203.

les lois sociales. L'héritage est une institution humaine qui, comme toutes les autres, doit obéir à la loi du progrès. L'œuvre de Dieu seule est immuable ; mais l'œuvre des hommes « est destinée à suivre la même pente que les sociétés qui se transforment[1] ».

L'héritage a pour résultat l'accroissement de l'inégalité entre les hommes. Il est souverainement injuste qu'un homme soit riche, parce que son trisaïeul a gagné des millions dans des spéculations plus ou moins honnêtes. Le droit d'hériter, c'est la consécration du droit à l'oisiveté. L'imbécile, issu de parents riches, prive le pauvre intelligent de ses instruments de travail[2].

Le droit de succession est donc appelé à disparaître, et, si Louis Blanc n'en demande pas la suppression immédiate, c'est que cela pourrait être dangereux dans l'état actuel de la société et des mœurs. Il faut d'abord organiser le travail, et l'héritage pourra disparaître sans occasionner aucun trouble. Pour le moment, il suffira de décréter que toutes les successions collatérales seront dévolues à la commune, pour former un domaine communal inaliénable. Nous avons vu

1. *Organisation du travail*, p. 204.
2. Ibid, p. 203.

que ce domaine servirait pour la création des ateliers sociaux agricoles [1].

Quant à la famille, il ne saurait être question d'y porter atteinte. Loin de vouloir la détruire, dit Louis Blanc, le socialisme veut modeler la société sur elle. Il voudrait qu'il n'y ait plus qu'une grande famille, la famille humaine. La constitution de la famille est admirable, « parce que dans la famille il y a commandement désintéressé de la part du père, obéissance volontaire de la part des enfants, et surcroît de sollicitude, surcroît de tendresse pour l'être infirme et malade [2] ».

Louis Blanc voudrait retrouver dans la société la solidarité qui existe entre tous les membres de la famille. Malheureusement il est loin d'en être ainsi, et le régime de concurrence aboutit fatalement à l'antagonisme des intérêts et à la lutte des classes. L'organisation industrielle tend à la dissolution de la famille plus rapidement que toutes les doctrines socialistes. L'égoïsme est le fléau de la famille bourgeoise, et le fils attend le moment où il sera riche par la mort de son père. Dans les classes pauvres, l'insuffisance du salaire paternel et les progrès du machinisme produisent le même

1. *Organisation du travail*, p. 115.

2. Discours : Séance de l'Assemblée nationale du 25 août 1848.

résultat. Dès qu'il peut travailler, l'enfant va à
l'usine ; il est une charge pour sa famille et il importe de tirer de sa personne tout le profit possible. Au lieu de l'envoyer à l'école où on l'instrui-
rait, le père l'envoie à la fabrique où on le paie.
« Qu'une fabrique, une usine, une filature viennent à s'ouvrir, vous pouvez fermer l'école[1] ». Il
y a plus ; la nécessité de ne pas mourir de faim
oblige la mère elle-même à aller à l'usine. De sorte
que les membres de la famille ouvrière se réunis-
sent seulement le soir, et, exténués par le travail
de la journée, ils ne songent qu'à se livrer au
repos.

En outre, beaucoup de gens sont éloignés du
mariage par la crainte d'avoir des enfants qui
seront un surcroît de charges tant qu'ils ne pourront gagner leur vie. Pourquoi la pauvreté, dit
Louis Blanc, s'accouplerait-elle avec la pauvreté ? » De là les progrès du concubinage et
l'augmentation du nombre des infanticides. Et la
meilleure preuve que l'on doit attribuer ces maux
aux iniquités du régime du travail, c'est que le
chiffre des infanticides dans les quatorze départe-
ments les plus industriels est à celui de la France
entière dans le rapport de quarante-et-un à cent

1. *Organisation du travail*, p. 69.

vingt-et-un [1]. Pour remédier à cette situation, l'État a dû se charger des enfants trouvés; mais le budget augmente de ce chef d'une façon exagérée malgré la mortalité qui résulte du manque de soins. La bourgeoisie dirigeante s'en inquiète, et elle parle de supprimer les tours. Elle ne comprend pas qu'il est juste que ce qu'elle gagne d'un côté en donnant aux filles du pauvre un salaire insuffisant, elle le perde de l'autre par une élévation correspondante du chiffre des impôts [2].

Malgré les efforts du législateur pour remédier à cet état de choses, les critiques formulées par Louis Blanc conservent encore aujourd'hui une partie de leur valeur. Le machinisme s'est développé, et, avec lui, les vices inhérents à l'emploi des machines n'ont fait que grandir. La loi a dû intervenir pour fixer l'âge minimum pour l'admission des enfants dans les manufactures, et la durée du travail quotidien. La femme va travailler de son côté, et le foyer reste désert. Or, le foyer, c'est le berceau de la famille. L'affection naturelle qui provient des liens du sang se développe par la cohabitation qui donne naissance à une communauté de mœurs et d'habitudes. Le travail de

1. *Organisation du travail*, p. 61.
2. Ibid., p. 63 et 64.

l'usine tend à la détruire, car il sépare les membres
de la famille pendant toute la journée. Il ne faut
pas s'étonner que l'enfant du pauvre, que la dure
loi du travail sépare de ses parents dès qu'il a
l'âge de raison, n'éprouve souvent guère d'attachement pour eux.

Et c'est une des raisons qui viennent contredire
la thèse émise par Louis Blanc, que la famille
peut exister sans l'hérédité et par suite sans le
patrimoine. On peut constater que la famille se
disloque beaucoup plus tôt dans les classes pauvres que chez les riches. D'ordinaire, l'enfant du
pauvre quitte ses parents dès qu'il est assez fort
pour gagner lui-même sa vie par son travail. Dans
la bourgeoisie, il est rare que les membres de la
famille se séparent avant que les enfants ne se
marient pour fonder une nouvelle famille. Et on
peut en conclure que la famille n'est pas seulement basée sur une mutuelle affection, mais aussi
sur une communauté d'intérêts. C'est l'absence
de cette dernière base qui fait que le concubinage
est beaucoup plus fréquent chez les ouvriers que
dans la bourgeoisie. Les pauvres qui unissent leur
misère n'ont pas besoin des formalités nombreuses
et coûteuses que nécessitent le mariage civil et le
mariage religieux. Toutes ces formalités pourraient être simplifiées sans inconvénient. Le con-

sentement des parents, par exemple, inspiré de
la *patria potestas* romaine, n'a pas sa raison d'être
dans une législation comme la nôtre. On s'étonne
que l'individu majeur, qui peut donner tous ses
biens sans l'assistance de ses auteurs, ne puisse
disposer de sa personne sans leur consente-
ment.

Louis Blanc commet encore une erreur qand il
dit que la famille est l'œuvre de Dieu et que l'hérédité vient des hommes. Ni la famille ni l'hérédité
ne sont de droit naturel, et les variations nombreuses de son organisation à travers les âges en
sont la preuve. La plupart des philosophes prétendent qu'à l'origine du monde, il n'y avait pas
de famille. Les hommes vivaient isolés ; il est possible même qu'ils se considéraient en ennemis et
que suivant l'expression de Hobbes, l'homme était
un loup pour l'homme. D'après Morelli et J.-J.
Rousseau, il n'avait avec la femme que des rapports passagers. Dans un tel état de choses, l'enfant ne connaissait pas son père et les relations
qu'il avait avec sa mère cessaient dès qu'il pouvait
vivre seul. Cette situation semble avoir duré longtemps, et on en trouve des survivances dans l'an-
tiquité si on en croit les récits d'Hérodote, de Stra-
bon et de Xénophon. De leur temps, le mariage était
encore inconnu chez un grand nombre de peupla-

11

des de l'Asie et de l'Afrique, de même que chez les Scythes, les Nasamons, les Massagètes, les Garamantes. M. P. Gide raconte[1] que dans ces pays « les hommes et les femmes s'accouplaient au hasard comme les mâles et les femelles d'un troupeau. Quand l'enfant était devenu grand, la peuplade réunie l'attribuait à l'homme avec les traits de qui il avait le plus de ressemblance et qui était présumé en conséquence être son père ». D'après Hérodote, chez les Lyciens, la généalogie s'établissait par les femmes, et de nos jours, le matriarcat existe encore à Ceylan, à Sumatra et au Thibet.

Il est si vrai que la famille est une institution humaine, qu'à l'époque actuelle elle est organisée différemment suivant les pays. Pendant que la polygamie règne dans les pays d'Orient, les nations d'Occident admettent seulement la monogamie. La diversité des régimes se justifie par la différence des climats. Sous l'ardent soleil des pays chauds, la femme est nubile de bonne heure, mais elle se flétrit très vite, tandis que l'homme conserve toute sa force. De là la nécessité pour un homme d'avoir plusieurs femmes.

On peut dire, en faveur de la monogamie, qu'elle

1. Paul Gide, Étude sur la condition privée de la femme.

élève la condition de la femme, mais on pourrait
peut-être aussi lui reprocher les exagérations
du féminisme. Le féminisme marche de pair
avec la question sociale, et beaucoup de théori-
ciens du socialisme appuient les revendications
des femmes. Louis Blanc demandait seulement
pour elles une part de la puissance paternelle,
l'émancipation civile et le rétablissement du divorce. « Il faudrait, dit-il, que, dans la famille, la
puissance paternelle ne fût plus la négation des
droits sacrés de la mère ; que l'émancipation civile
des femmes eût lieu ; que l'indissolubilité du mariage ne servît plus de prétexte, d'excuse ou de
provocation à sa dissolution morale, et que le
divorce fût rétabli[1]. »

Il est certain que la condition de la femme pourrait être améliorée à certains point de vue. On devrait, par exemple, étendre sa capacité civile. La
femme mariée sous le régime dotal ne peut aliéner
ses biens que dans certains cas particuliers, et avec
des formalités beaucoup trop nombreuses. On devrait également augmenter les droits de la femme
relativement à l'administration de ses biens per-
sonnels.

De même que l'héritage, la propriété est de

1. Conférence à Marseille du 21 septembre 1879.

droit humain. Louis Blanc partage les idées socialistes sur ce point, et il approuve J.-J. Rousseau
quand il montre que la propriété privée est viciée
dans son origine parce qu'elle est le résultat d'un
vol commis aux dépens de la communauté par
quelques hommes plus forts que leurs semblables.

A l'origine, dit-il, Dieu avait donné aux hommes la terre en commun. Mais plus tard, quelques
individus, abusant de leur force physique, se sont
emparés d'une parcelle du patrimoine commun de
l'humanité, l'ont entourée de murs et ont dit :
« ceci est à moi ». La propriété privée était fondée, et elle a eu sa source dans la violence. C'est
donc en vain que les possesseurs du sol ont pu
dans la suite faire ratifier leur usurpation par le
législateur.

La propriété n'est pas un droit *absolu et individuel;* elle est un droit *relatif et social*[1]. C'est le
droit qui appartient à chaque citoyen de jouir et
de disposer de la portion de biens qui lui est garantie par la loi. Or il est de la nature des lois de
se modifier à mesure que les sociétés progressent.
Danton n'avait pas vu ce caractère du droit de
propriété quand il s'écriait, le 21 septembre 1792,

1. *Histoire de la Révolution*, livre IX, chap. v.

à la première séance de la Convention : « Décla-
rons que toutes les propriétés territoriales, industrielles et individuelles seront éternellement res-
pectées ». Il oubliait que les progrès incessants de
l'esprit humain ne permettent pas d'enfermer aucune institution sociale dans des bornes éter-
nelles. C'est pour cela que la Révolution avait jugé
bon d'abolir la propriété industrielle des jurandes
et la propriété territoriale du clergé[1]. Mais il
s'agissait de rassurer les acquéreurs des biens nationaux, que la crainte de voir leur propriété contestée aurait pu jeter dans le parti de la contre-
révolution. Les hommes d'alors, dit Louis Blanc,
n'osèrent pas pousser jusqu'au bout l'application
du principe, et cependant la propriété individuelle n'avait pas plus de raison d'être pour les
particuliers que pour les établissements ecclésias-
tiques, et, en dépouillant seulement ceux-ci, on
commettait une injustice. On favorisait la bourgeoisie sans profit pour la masse du peuple. D'où
ce mot d'un grand propriétaire à l'Assemblée constituante : « Je remercie l'Assemblée de m'avoir
donné par son seul arrêté trente mille livres de
rentes[2] ».

1. *Histoire de la Révolution*, t. VII, p. 232.
2. Ibid., tome III, chap. 1ᵉʳ.

Louis Blanc, d'ailleurs, ne s'attaque pas au droit
de propriété. Il critique seulement le mode actuel
d'appropriation. Il prétend que tout homme a un
droit égal à la propriété, et le rôle de la société
doit être d'assurer le libre exercice de ce droit.
Aujourd'hui, les uns ont tout et les autres n'ont
rien. Il faut que chacun ait de quoi subvenir à son
existence. Il est loin d'en être ainsi, et la propriété, telle qu'elle est organisée chez les peuples
modernes est anarchique. « L'extension abusive
du droit de propriété a couvert la terre de révolutions et de crimes. Qu'est-ce que l'histoire, sinon
le récit de la longue et violente révolte du genre
humain contre le droit mal défini et mal réglé de
celui qui, le premier, ayant enclos un terrain,
s'avisa de dire : « ceci est à moi » et trouva des
gens assez simples pour le croire »[1].

La propriété est donc une institution du droit
positif, et, comme tout ce qui est conventionnel,
elle ne saurait être immuable. Elle a pour fondement l'utilité sociale, et elle doit être organisée
pour le plus grand bien de la société tout entière.
C'est le principe de l'immortel auteur du *Contrat
social* : « Le droit que chacun a sur son propre
fonds est subordonné au droit que la communauté

1. *Histoire de dix ans*, tome IV, chap. II.

a sur tous[1] ». On devra donc transformer la propriété lorsqu'on aura démontré que le bonheur de
l'humanité exige qu'elle soit organisée d'une autre manière.

Louis Blanc, comme les collectivistes, veut que
la propriété n'ait pas d'autre source que le travail. Il en résulte que les produits du travail sont
seuls susceptibles d'appropriation privée. Les capitaux seront une propiété commune, dévolue à
l'Etat ou plutôt aux associations ouvrières. Il en
est de même de la propriété du sol, et il se défend
de réclamer la loi agraire. La loi agraire, c'est le
partage périodique de la propriété pour assurer à
chacun la jouissance d'un lopin de terre, c'est le
morcellement, la consécration de la petite culture.
L'adopter, ce serait perpétuer la routine et entraver la marche du progrès. Elle existe en fait à
l'heure actuelle, dit Louis Blanc. « La loi agraire,
savez-vous où elle existe ! Dans le Code civil, qui,
par la division de la propriété à l'infini, réalise
réellement ce qu'on pourrait appeler la loi agraire.
La division infinie du sol est comme une espèce de
loi agraire, une loi qui se développe par la force
même des choses »[2]. Loin de demander le partage

1. *Histoire de dix ans*, tome IV, chap. ii.
2. Assemblée nationale, séance du 25 août 1848.

égal des propriétés foncières, il voudrait voir se réaliser l'association des cultivateurs, en même temps que la transformation du régime industriel se ferait par l'association des travailleurs.

CHAPITRE VIII

Le rôle de Louis Blanc en 1848. — Les ateliers nationaux. — La législation. — Les associations. — L'arbitrage.

Une calomnie, habilement propagée par les adversaires de Louis Blanc, a fait croire pendant longtemps que les ateliers nationaux avaient été créés sous son inspiration, pour mettre en pratique ses théories. Il s'est toujours énergiquement défendu d'y avoir participé. « La majorité du Gouvernement provisoire, dit-il dans un de ses discours, pour miner l'influence des deux membres socialistes du gouvernement, institua, en dehors d'eux, ces funestes ateliers nationaux qui, après avoir été imprudemment établis par elle, furent plus tard dissous par la réaction avec une brutalité artificieuse, ce qui provoqua l'insurrection... l'insurrection de la faim[1] ».

1. Banquet du 24 février 1877.

Les ateliers nationaux furent le produit des circonstances. En 1848, tout le monde pensait que la
Révolution ne devait pas être seulement politique,
mais qu'elle devait être aussi sociale. Un vent de
socialisme soufflait sur la France. Bakounine,
parlant de cette époque à Benoît Malon, lui disait :
« Bien peu résistaient au milieu socialiste révolutionnaire de Paris ; généralement deux mois de
boulevard suffisaient pour transformer un libéral
en socialiste ». La presse entière se préoccupait
de l'organisation du travail. Tous les journaux,
la Démocratie pacifique avec Victor Considérant,
la Presse avec E. de Girardin, *le National, le
Constitutionnel, l'Union, le Siècle, l'Univers, les
Débats,* parlaient de « cet important problème »,
de « ce redoutable problème ».

En même temps, la crise économique et industrielle était intense. Le cours de la rente 5 pour
cent s'était abaissé à 69 et le 3 pour cent ne pouvait dépasser 46. Le crédit était mort et beaucoup de
fabricants avaient dû fermer leurs usines. L'intro-
duction des machines dans l'industrie réduisait
un grand nombre d'ouvriers au chômage. La
misère sévissait dans toute la France. On lit dans
une adresse des ouvriers imprimeurs en étoffe,
remise par une délégation au Gouvernement provisoire : « A Rouen, il n'y a presque plus d'im-

primeurs ; les rouleaux, les perrotines et les
planches plates fabriquent presque toute l'impression : les ouvriers travaillent à peine cinq, six,
sept et huit mois par an. Et, en Alsace, le salaire
est réduit de sorte qu'il est impossible aux ouvriers de se nourrir comme des hommes libres
méritent de l'être[1] ».

Le Gouvernement provisoire ne pouvait rien
refuser au peuple de Paris qui l'avait porté au
pouvoir. D'ailleurs, si on ne donnait pas satisfaction aux réclamations de la foule, il était à craindre qu'elle ne reprît les armes. Aussi, un décret
du 29 février vint créer la Commission du gouvernement pour les travailleurs qui s'installa au
Luxembourg, le 1er mars. L'intérêt qu'ils portaient
aux classes ouvrières n'était pas le seul mobile
qui guidait la majorité des membres du Gouvernement. Ils voulaient surtout jeter le discrédit sur
les idées et la personne de Louis Blanc, qui leur
avait été imposé comme collègue. Au moment où
éclata la Révolution, il y avait deux gouvernements insurrectionnels. Sur une première liste,
préparée dans les bureaux du *National*, figuraient
Dupont (de l'Eure), Arago, Lamartine, Ledru-
Rollin, Crémieux, Marie, Garnier-Pagès. Le jour-

1. *Moniteur* du 6 mars 1848.

nal *la Réforme* avait préparé une autre liste sur
laquelle on trouvait les mêmes noms, et, en plus,
Flocon, Louis Blanc et l'ouvrier Albert. Les collègues de Louis Blanc le redoutaient à cause de
son ascendant sur le peuple, et pour l'éloigner des
conseils ils lui donnèrent la présidence de la
Commission du Luxembourg. Louis Blanc ne se
dissimulait pas les difficultés de sa tâche, et, s'il
accepta, ce ne fut que sur les instances d'Arago,
son ami personnel, quoique son adversaire politique. D'ailleurs, comme il le dit lui-même, c'était
toujours un moyen de propager les idées socialistes. « Que la Commission du travail dût rester
sans effets immédiats et pratiques, cela n'était que
trop à prévoir, hélas ! puisqu'on ne lui donnait ni
budget, ni bureaux, ni agents, ni ressorts admi-
nistratifs, ni moyens d'application d'aucune sorte ;
mais était-ce après tout chose à dédaigner que le
pouvoir d'agir puissamment par la parole ? Je me
souvins du mot célèbre : *Mens agitat molem.* Je
me décidai [1] ».

C'est donc à tort qu'on a prétendu que Louis
Blanc avait eu toute facilité d'expérimenter ses
théories en 1848. Il se heurta d'abord aux défiances des autres membres du Gouvernement

---

1. Conférence à Saint-Denis, du 3 décembre 1876.

provisoire, et, plus tard, à l'Assemblée nationale,
aux rancunes d'une majorité bourgeoise et réac-
tionnaire.

Quant aux ateliers nationaux, ils furent à la fois
un expédient pour remédier à la misère extrême
des ouvriers sans leur faire l'aumône, et un procédé pour discréter le socialisme. La plupart des
ouvriers étaient persuadés que c'était l'application
du droit au travail proclamé par le Gouvernement. Or rien n'était plus contraire aux doctrines
socialistes que d'employer les hommes à un travail
improductif. Les ouvriers honnêtes rougissaient
d'être employés à un travail avilissant et mal ré-
tribué, tandis que les paresseux s'en allaient à
l'ouvrage en chantant :

> Nourris par la patrie,
> C'est le sort le plus beau, le plus digne d'envie.

Les ateliers nationaux furent établis entièrement
en dehors de Louis Blanc. Le ministre des travaux
publics, Marie, voulant donner satisfaction aux
ouvriers, prit l'avis d'un jeune ingénieur, Emile
Thomas. Celui-ci lui conseilla d'ouvrir, d'accord
avec la Mairie de Paris, des chantiers de terrasse-
ments où seraient enrôlés les ouvriers qui le de-
manderaient. C'est ainsi que les ateliers nationaux

furent créés, et Emile Thomas en fut le directeur[1].

Le nombre des ouvriers s'accrut rapidement.
Du 9 au 15 mars, le nombre des enrôlements fut
de 6,100. Il s'élevait à plus de 60,000 au 15 avril
suivant, et le 15 juin, il était de 117,310. Les
hommes étaient organisés militairement. Onze
hommes formaient une escouade et nommaient
parmi eux un escouadier ; cinq escouades formaient une brigade commandée par un brigadier
élu au suffrage universel ; quatre brigades formaient une lieutenance et quatre lieutenances une
compagnie. Un chef de service dirigeait trois compagnies, et un chef d'arrondissement s'occupait
de tout l'arrondissement. Les ouvriers recevaient
un salaire peu élevé qui, vers la fin, descendit
jusqu'à un franc par jour.

Ce n'était pas l'organisation du travail rêvée par
Louis Blanc ; on n'y trouvait ni le partage des
bénéfices qui ne pouvait exister pour un travail
improductif, ni la solidarité qui doit exister entre
tous les membres de l'atelier social. L'Etat n'était
plus seulement un commanditaire, il était véritablement un patron, faisant exécuter des travaux

1. Cf. notamment : E. Spuller. *Histoire parlementaire de la
seconde République.*

en régie. C'était tout le contraire de ce que voulait Louis Blanc, et cependant, telle est la force
de la calomnie, qu'il a dû lutter toute sa vie pour
extirper ce préjugé sans pouvoir se disculper aux
yeux de tous. Une telle persistance dans l'erreur
ne peut s'expliquer que par la mauvaise foi de
ses ennemis.

Et cependant, les témoignages de ses adversaires politiques abondent en sa faveur. C'est Emile
Thomas qui, interrogé le 5 juillet 1848 par la commission d'enquête sur ses rapports avec Louis
Blanc, répond : « Jamais je n'ai parlé à M. Louis
Blanc, je ne le connais pas. Pendant que j'étais
aux ateliers, j'ai vu M. Marie tous les jours, souvent deux fois par jour ; MM. Recurt, Buchez et
Marrast, presque tous les jours ; j'ai vu une seule
fois M. de Lamartine, jamais M. Ledru-Rollin,
jamais M. Louis Blanc, jamais M. Flocon, jamais
M. Albert. » Et dans sa déposition du 28 juin 1848,
il dit : « J'étais en hostilité ouverte avec le Luxembourg. Je combattais ouvertement l'influence de
M. Louis Blanc[1]. »

Dans son *Histoire de la Révolution de 1848*,
Lamartine, parlant des ateliers nationaux, écrit les
lignes suivantes : « Ils n'étaient qu'un expédient

---

1. Rapport de la Commission d'enquête, p. 352, 353 et 358.

pour le maintien de l'ordre public, et une première ébauche d'assistance publique, imposée
après la Révolution par la nécessité du jour de
nourrir le peuple, — mais non pas le peuple oi-
sif, — autant que pour éviter les désordres que
l'oisiveté entraîne à sa suite. M. Marie les orga-
nisa avec intelligence, mais sans utilité pour le
travail productif. Il les partagea en brigades, leur
donna des chefs, y introduisit un esprit d'ordre et
de discipline, et en fit, pendant quatre mois, au
lieu d'une force entre les mains des socialistes, en
cas de révolte, une armée prétorienne mais oisive
dans les mains du pouvoir. Commandés, dirigés
et entretenus par des chefs influencés par les
idées secrètes du parti anti-socialiste du gouvernement, les ateliers nationaux, jusqu'à l'avènement de l'Assemblée nationale, contrebalançaient
l'influence des ouvriers sectaires du Luxembourg
(partisans de Louis Blanc), et des travailleurs tur-
bulents des clubs... Bien loin d'être à la solde de
Louis Blanc, comme on l'a dit, ils étaient inspirés
par l'esprit de ses adversaires [1] ».

Le but poursuivi par Marie se trouve exposé
dans un propos rapporté par Emile Thomas dans
son *Histoire des ateliers nationaux*. « Un jour,

---

1. *Histoire de la Révolution de Février*, p. 2.

raconte Emile Thomas, M. Marie me demanda fort
bas si je pouvais compter sur les ouvriers. — Je
le pense, répondis-je ; cependant le nombre s'en
accroît tellement qu'il me devient difficile de posséder sur eux une action aussi directe que je le
souhaiterais. — Ne vous inquiétez pas du nombre,
me dit le ministre ; si vous les tenez, il ne sera
jamais trop grand. Ne ménagez pas l'argent ; au
besoin même, on vous accorderait des fonds secrets. Le jour n'est peut-être pas loin où il faudra
les faire descendre dans la rue[1]. »

L'animosité de Marie à l'égard de Louis Blanc
se manifeste clairement dans la conversation suivante rapportée par le même auteur : « M. Marie,
écrit Emile Thomas, me dit que la ferme intention
du gouvernement est de laisser s'accomplir cette
expérience (la Commission du gouvernement pour
les travailleurs) ; qu'en elle-même, elle ne pourrait avoir que de bons résultats, car elle montre-
rait aux travailleurs tout le vide et toute la faus-
seté de ces théories impraticables, et leurs tristes
suites pour eux. Désormais désabusés pour l'avenir, leur idolâtrie pour Louis Blanc disparaîtrait
d'elle-même ; il perdrait sa considération, son autorité, et cesserait à jamais d'être un danger[2] ».

1. E. Thomas. *Histoire des ateliers nationaux*, p. 200.
2. Ibid., p. 142.

Ainsi les ateliers nationaux n'avaient rien de commun avec le système de Louis Blanc, et il avait raison quand il prétendait que les ateliers nationaux n'avaient rien de commun avec le droit au travail. « Il n'est pas un socialiste au monde, disait-il, qui consentît à avouer ce qui s'est fait dans les ateliers nationaux. Quant à nous, Dieu merci! nous n'avons pas à nous reprocher soit de l'avoir proposé, soit de l'avoir approuvé. » Au lieu d'un travail stérile et improductif, il aurait voulu « qu'on s'étudiât à former dans chaque corps d'état le noyau d'une association constituée de manière à s'élargir sans cesse par des adjonctions successives, eu égard à la somme de travail à exécuter[1] ».

Mais si Louis Blanc a été étranger à la fondation des ateliers nationaux, il n'en a pas moins exercé pendant son passage au pouvoir une certaine influence. On en retrouve la trace dans plusieurs mesures qui furent adoptées par le Gouvernement provisoire sur la proposition de la Commission du Luxembourg. Comme il l'a déclaré lui-même, Louis Blanc était convaincu qu'on l'avait envoyé au Luxembourg pour y étudier « la question sociale que la Révolution de Février venait de po-

1. *Socialisme. Droit au travail.*

ser[1] » et il fit tous ses efforts pour ne pas faillir à
cette tâche.

A peine installé, il se mit au travail avec ardeur.
Il s'assura la collaboration d'économistes distingués, Jean Reynaud, Dupoty, François Vidal,
Toussenel, Duveyrier, Malarmet, Pascal, Constantin Pecqueur, Victor Considérant, Dupont-White,
Wolowski, avec lesquels il devait étudier les
moyens propres à améliorer le sort des ouvriers.
Le rôle de Louis Blanc à la Commission se borne
d'ailleurs à la direction des travaux. Il réédite
dans de nombreux discours les théories qu'il avait
déjà professées dans ses écrits, et spécialement
dans *l'Organisation du travail*. Il les développe
dans ce style imagé qui frappait les esprits, avec
cette éloquence chaleureuse et communicative qui
provoquait l'enthousiasme des foules et qui lui
valut son immense popularité. Mais dans son esprit, la Commission ne devait pas être seulement
une chaire du haut de laquelle il crierait au peuple les misères de l'ordre social actuel et les bienfaits de l'association, elle devait aussi être un
comité de législation où s'élaboreraient les projets
de loi relatifs à l'organisation de l'industrie.

C'est dans ce but qu'elle prépara un plan géné-

---

1. Assemblée nationale, séance du 25 août 1848.

ral de réformes. Ce projet, très vaste, embrassait
toutes les branches de l'activité humaine : l'agriculture, l'industrie. le commerce, le crédit. Absor-
bé par ses fonctions de membre du gouvernement,
Louis Blanc dut se décharger de ce travail sur
deux secrétaires, Vidal et Constantin Pecqueur.
Ceux-ci, tout en adoptant, au fond, les théories
socialistes de Louis Blanc, s'en écartent cependant
sur certains points[1]. Après un exposé de la situation économique et des maux provoqués par la
concurrence, ils déclarent que le temps des vains
palliatifs est passé : « Voici le moment venu de
compter avec la misère, d'aviser aux mesures répa-
ratrices. » Comme Louis Blanc, ils préconisent
l'association qui, seule, peut assurer le règne de
la fraternité, et l'intervention de l'Etat, qui aura
pour mission d'organiser le travail, de distribuer
le crédit et de régulariser les échanges. Ils inves-
tissent l'Etat de fonctions beaucoup plus étendues
que celles que lui confiait Louis Blanc. M. Georges Cahen le fait remarquer avec raison, dans le
système proposé par Vidal et Pecqueur: « l'Etat
intervient bien plutôt pour équilibrer les fonctions
du travail, que pour enrégimenter les travailleurs[2]. » La répartition ne se fait plus proportion-

1. *Moniteur*, 27 avril, 2, 3, et 6 mai 1848.
2. *Annales des sciences politiques*, 1897, p. 209.

nellement aux besoins, comme dans l'atelier social ;
l'égalité fait place à la hiérarchie des fonctions et
l'ouvrier reçoit un salaire en rapport avec son travail. Dans le plan de réforme élaboré par les secrétaires de la Commission du Luxembourg, on
trouve en germe la doctrine collectiviste, et on
comprend fort bien que Benoît Malon ait pu dire :
« Vidal et Pecqueur mériteraient d'être plus connus, parce qu'ils sont les précurseurs du socialisme scientifique que Robertus, Marx, Engels,
Lassalle et les principaux socialistes allemands
devaient plus tard formuler avec tant d'éclat[1]. »

Le projet fut déposé sur les bureaux de l'Assemblée, mais il ne fut même pas discuté et passa
complètement inaperçu. L'attention de tous se
concentrait sur Louis Blanc, dont la popularité
atteignait alors son apogée. D'ailleurs les soulèvements populaires, en réveillant les craintes de la
bourgeoisie, allaient bientôt rendre impossible
toute application des doctrines socialistes.

Cependant, bien qu'il fût convaincu de l'efficacité des moyens qu'il proposait pour rénover la
société, Louis Blanc eut le mérite de ne pas dédaigner les réformes partielles. L'avènement du
socialisme, bien qu'il fût animé des sentiments les

1. *Histoire du Socialisme*, t. II, p. 192.

plus optimistes à cet égard, lui apparaissait encore très lointain, et il y avait des besoins urgents
qu'il importait de satisfaire, des souffrances pres-
santes qu'il fallait apaiser. Aussi, il proclame
hautement que le but de la Commission doit être
« d'étudier les questions relatives au travail, en
en préparant la solution dans un projet qui serait
soumis à l'Assemblée nationale, et provisoirement
de faire droit aux demandes les plus urgentes re-
connues justes.[1] » L'exécution de la première partie de ce programme fut l'œuvre de Vidal et de
Pecqueur, ainsi que je viens de le dire. Quant à la
seconde, Louis Blanc y consacra toutes ses forces,
s'appliquant à faire sanctionner par le Gouvernement provisoire les décisions de la Commission
relatives à des réclamations qui lui paraissaient
fondées, et usant de toute son influence pour dissuader les ouvriers quand il jugeait leurs demandes abusives.

Dès la première séance, le 1er mars, et avant
même la vérification des pouvoirs des délégués,
quelques ouvriers montèrent à la tribune pour y
exposer leurs vœux et ceux de leurs camarades.
Deux mesures surtout étaient réclamées avec in-
sistance, l'abolition du marchandage et la réduc-

1. *Moniteur*, 2 mars 1848.

tion des heures de travail, et ils demandaient leur adoption immédiate. Il fallut les vives instances de Louis Blanc et l'intervention d'Arago pour les décider à attendre que les patrons aient été consultés sur l'opportunité de ces deux réformes.

Louis Blanc envoya aussitôt une convocation aux principaux patrons, et ils se réunirent le lendemain. La première question qui leur fut soumise fut celle du marchandage. On commença d'abord par définir le terme, et on arriva ainsi à distinguer trois sortes de marchandage :

1° Le marchandage appelé le pièçard, ou travail aux pièces.

2° L'entreprise par une association d'ouvriers qui s'unissent pour se passer de l'intermédiaire du patron et traiter directement.

Ces deux modes de marchandage sont plutôt favorables à l'ouvrier, et, loin de les supprimer, il convient de les encourager. Le premier a l'avantage d'établir un système de rémunération proportionnelle à l'activité de l'ouvrier, qui sera payé d'autant plus cher qu'il produira davantage. Quant au second, il tend à développer l'esprit d'initiative chez l'ouvrier, et il est ainsi un instrument de progrès.

Un troisième genre fut le marchandage des tâcherons que tous s'accordèrent à condamner.

On comprend encore aujourd'hui sous cette dernière dénomination des marchés par lesquels une personne se charge d'exécuter à ses risques et périls tout ou partie d'une entreprise dont une autre personne a la responsabilité générale. Souvent le sous-traitant traite lui-même avec une autre personne et ainsi l'entreprise se subdivise en une série de sous-traités et se ramifie. Les sous-traitants tendent ainsi à établir entre l'entrepreneur principal et les ouvriers une série d'intermédiaires qui se répartiront entre eux les bénéfices de l'entreprise.

Cette façon d'opérer présente des inconvénients qui n'échappèrent pas aux membres de la Commission du Luxembourg. Elle exerce sur les salaires une action déprimante. Elle met les ouvriers à la merci d'individus avides de gain, qui abuseront de leur misère pour les payer le moins cher possible. Les sous-traitants, poussés par la concurrence, font des prix excessivement bas. S'ils veulent réaliser des bénéfices, ils doivent réduire le salaire des ouvriers, ou les surmener en leur faisant exécuter beaucoup plus de travail qu'ils n'en feraient dans des conditions normales. Ils peuvent se tromper dans leurs prévisions, et, s'ils font de mauvaises affaires, l'ouvrier court le risque de ne pas être payé. L'intérêt de celui qui fait

exécuter les travaux est également en jeu, car le
tâcheron, poussé par le désir de tirer profit de
l'entreprise, fera quelquefois de mauvais ouvrage.

Il ne faut donc pas s'étonner si patrons et
ouvriers furent unanimes à réclamer l'abolition
des sous-traités. Le Gouvernement provisoire
s'empressa de consacrer cet accord, et, le jour
même, 2 mars, le *Moniteur* publia un décret qui
« abolissait l'exploitation des ouvriers par les
sous-entrepreneurs ou marchandage », et le décret
ajoutait que les associations d'ouvriers et le salaire
aux pièces ne seraient pas considérés comme
marchandage.

Ce décret était conçu en des termes trop vagues
pour qu'il fût exécuté. De plus, il était dépourvu
de sanction. Il est vrai qu'un décret du 21 mars
vint combler cette lacune et punir les contreve-
nants d'une amende, et, en cas de récidive, d'un
emprisonnement qui pouvait aller jusqu'à six
mois. Malgré cela, le décret resta longtemps lettre
morte. On le considérait comme une mesure prise
dans la fièvre des révolutions et qui n'était pas
susceptible d'application en temps ordinaire.
C'est seulement dans ces dernières années qu'on
a songé à le tirer de l'oubli, et son application a
soulevé de sérieuses difficultés sur la question de
savoir quels étaient les actes délictueux qu'il prohi-

bait. La Cour de Cassation, dans un arrêt du 4 février 1898, décide que les actes qui causent un préjudice à l'ouvrier sont seuls répréhensibles. Mais la Cour d'Orléans reconnaît au décret du 2 mars 1848 une portée plus large, et, d'après elle, il interdit tout marchandage, quels qu'en soient les résultats à l'égard des ouvriers[1]. Aucun acte ultérieur n'est venu préciser la portée du décret, et la question en est toujours là.

La réduction des heures de travail était beaucoup plus difficile à faire admettre. Son adoption devait en effet exercer une influence dans tout le pays. Tandis que la question précédente ne concernait qu'un genre particulier de travail, celle-ci s'étendait à toutes les industries. Il y avait plus : l'accepter c'était consacrer le droit par l'État d'intervenir dans les affaires des particuliers, c'était ouvrir la porte aux doctrines socialistes.

Aussi, la discussion fut très vive. Les uns invoquaient la nécessité de ne pas porter atteinte à la liberté des patrons, d'autres, comme Buffet et Léon Faucher, s'y opposèrent dans la crainte de violer la liberté des ouvriers. Cependant, la majorité de la Commission se prononça pour l'adoption. Il faut reconnaître que les patrons se montrèrent

1. Cf. Sirey, 1899, 2ᵉ partie, pages 201 et 231.

fort conciliants. Peut-être craignaient-ils que leur
refus ne provoquât de graves désordres ; peut-
être étaient-ils animés de ce souffle d'abnégation
et de générosité qui passa sur la noblesse et le
clergé dans la nuit du 4 août 1789. La réduction
d'une heure fut acceptée et Louis Blanc soumit au
Gouvernement provisoire un projet de décret
dans ce sens. Le décret parut le jour même au
Moniteur.

Son application souleva de nombreuses protestations. La plupart des patrons refusèrent de s'y
conformer. Quelques-uns allèrent même jusqu'à
fermer leurs usines. D'autres continuèrent à faire
travailler onze heures à Paris et douze heures en
province comme auparavant. Les plaintes des
ouvriers affluèrent à la Commission. Louis Blanc,
indigné de la mauvaise foi des patrons, fut obligé
de demander au Gouvernement provisoire d'édic-
ter une sanction pénale. Ce fut l'objet d'un décret
du 4 avril ainsi conçu: « Tout chef d'atelier qui
exigera de ses ouvriers plus de dix heures de travail effectif sera puni d'une amende de 50 francs
à 100 francs pour la première fois ; de 100 à 200
francs en cas de récidive ; s'il y a double récidive,
d'un emprisonnement d'un à six mois. Le produit
des amendes sera destiné à secourir les invalides
du travail.

Malgré cette pénalité sévère, le décret fut violé comme auparavant. Il portait trop gravement atteinte à la liberté de tous, employeurs et employés. Le 3 juillet, le Comité du travail, qui avait remplacé la Commission du Luxembourg, proposa à l'Assemblée nationale de l'abroger.

D'autres réformes qui auraient mérité un meilleur sort ne furent pas mieux exécutées ou même furent rejetées par le Gouvernement provisoire. Il en fut ainsi du décret du 8 mars qui instituait dans toutes les mairies de Paris des bureaux gratuits de renseignements. Les offres de travail et les demandes d'emploi devaient être inscrites sur deux registres différents qui étaient toujours et sans frais à la disposition du public. Cette mesure ne fut pas appliquée, et c'est seulement depuis quelques années qu'on a créé dans certaines villes des bureaux de placement gratuits.

Une innovation qui devait attendre moins longtemps sa réalisation, c'est la proposition que fit Louis Blanc dans la séance du 5 mars, de créer dans les quartiers les plus populeux de Paris des logements ouvriers. J'ai déjà eu occasion de parler en détail de ce projet[1]. En 1848, il ne fut même pas discuté, mais il fut repris en 1852 par le gou-

1. Cf. *suprà*, chap. IV.

vernement impérial, qui fit construire dix-sept
maisons boulevard Diderot et quarante-et-une ave-
nue Daumesnil. Le mouvement s'est accentué à
partir de 1875, grâce à l'initiative privée que l'Etat
encourage par des exemptions d'impôts.

Louis Blanc fut plus heureux dans la proposition qu'il fit de supprimer le travail dans les prisons, les casernes et les couvents. Depuis longtemps les ouvriers se plaignaient de la concurrence que ces établissements faisaient aux travailleurs libres. Le projet, préparé par Louis Blanc,
fut soutenu devant la commission par Vidal. Pour
les casernes et les prisons, la suppression était
facile à faire. Il y aurait lieu seulement de résilier
les marchés passés avec des entrepreneurs, et de
payer une indemnité aux particuliers qui seraient
lésés. Mais l'Etat avait-il le droit d'interdire le travail dans les couvents ? Et, chose assez étrange,
les droits de ces établissements furent défendus
par un disciple de Fourier, Victor Considérant. Il
exprima la crainte que les arguments de Louis
Blanc ne fussent dans la suite retournés contre
lui. Ne pourrait-on prétendre que les ateliers sociaux commandités par l'Etat feraient aux particuliers une concurrence déloyale ? Le projet n'en
fut pas moins adopté; il parut au *Moniteur*
le 24 mars, et on peut remarquer qu'il reproduit

fidèlement dans l'exposé des motifs les observations qui furent faites à la Commission du Luxembourg : « Considérant que la spéculation s'est emparée du travail des prisonniers, lesquels sont nourris et entretenus aux frais de l'Etat, et qu'elle fait ainsi une concurrence désastreuse au travail libre et honnête... », il est édicté que le travail dans les prisons et les casernes est interdit ; on avisera à organiser le travail dans les prisons et les communautés religieuses de façon à ce qu'il ne fasse plus concurrence au travail libre[1].

Il faut reconnaître d'ailleurs que si Louis Blanc cherchait à donner satisfaction aux ouvriers lorsque leurs réclamations étaient fondées, il faisait aussi tous ses efforts pour les dissuader lorsque leurs plaintes n'étaient pas justifiées. La concurrence que les ouvriers étrangers venaient faire aux nationaux avait occasionné en plusieurs endroits des troubles graves. A Paris, une grande manifestation eut lieu le 2 avril, et des ouvriers se promenèrent dans les rues aux cris de : « A bas les étrangers ! Qu'on les chasse ! » Louis Blanc fit appel aux sentiments de générosité et de fraternité qui devaient unir les travailleurs de tous les pays, et il soumit à la signature du Gouvernement pro-

1. *Moniteur*, 24 mars 1848.

visoire une proclamation où il faisait appel à la
solidarité qui devait unir tous les hommes, à quelque nationalité qu'ils appartiennent.

Ainsi les tentatives officielles de réformes
n'aboutirent pas. Mais en dehors de la sphère du
pouvoir, Louis Blanc exerça une influence qui,
bien qu'elle ait été moins bruyante, n'en fut pas
moins efficace. Cette action se manifesta soit par
le patronage des associations ouvrières, soit par
l'intervention en qualité d'arbitre dans les différends entre patrons et ouvriers.

Louis Blanc ne s'illusionnait pas sur l'efficacité
des associations coopératives pour régénérer la
société : il était convaincu qu'elles ne pouvaient
qu'améliorer le sort d'un petit nombre d'individus. S'il les encouragea par ses conseils et par les
subventions qu'il obtint pour elles du Gouvernement provisoire, c'est qu'il espérait qu'elles serviraient de modèle. Il pensait aussi qu'elles seraient
une excellente école où les ouvriers feraient l'apprentissage de la solidarité et de la fraternité. Sa
tâche en cette matière fut facilitée par la crise qui
sévissait alors sur l'industrie. Beaucoup de patrons
étaient obligés de fermer leurs usines, et les ouvriers adoptaient avec enthousiasme un système
qui semblait leur assurer un salaire plus élevé que
celui qu'ils recevaient auparavant.

Le 25 mars[1], les ouvriers des usines Derosne et
Cail se réunirent au Luxembourg pour examiner
les moyens de reprendre le travail. Louis Blanc
leur fit accepter les bases d'une association entre
ouvriers. Les rapports entre ouvriers et patrons
restaient à peu près les mêmes; ceux-ci accor-
daient seulement aux ouvriers 1/11 du prix des
façons à titre de participation aux bénéfices. Mais
la solidarité entre tous les ouvriers de l'usine était
reconnue. En cas de chômage partiel, le travail
serait réparti entre tous; les ouvriers ne souffri-
raient ainsi que d'une réduction de salaires. Enfin,
on décida que le salaire serait proportionnel, et
que les bénéfices seraient partagés également entre tous. C'était le mode de répartition cher à
Louis Blanc.

Quelques jours après, Louis Blanc et Vidal se
rendirent à la réunion générale des ouvriers de
l'usine pour y exposer ce plan. Louis Blanc fut
acclamé : enlevé de la tribune qu'on avait impro-
visée sous un hangar, il fut porté de mains en
mains à sa voiture aux cris de : « Vive la République ! »

Mais c'était là un essai incomplet; il laissait
subsister au-dessus des ouvriers l'autorité du pa-

1. *Moniteur* du 26.

tron. Les circonstances devaient bientôt fournir à Louis Blanc l'occasion d'expérimenter plus exactement le système.

L'abolition de la contrainte par corps par un décret du 9 mars avait fermé les portes de la prison de Clichy. Le 15 mars un autre décret réorganisa la garde nationale, et, en proclamant le service obligatoire pour tous, décida que l'Etat fournirait un uniforme aux citoyens trop pauvres pour s'équiper. Louis Blanc conçut alors l'idée de former une association de tailleurs qu'il installerait dans l'ancien local des prisonniers pour dettes. Il s'entendit avec les délégués de la corporation des tailleurs au Luxembourg, Frossard, Leclerc et Bérard, et l'association fut fondée. Il obtint pour elle la commande de cent mille tuniques et de cent mille pantalons pour les gardes-nationaux. Les associés affluèrent, et, à la veille de l'insurrection de Juin on en comptait seize cents.

D'après le rapport de la commission d'enquête sur le rôle de Louis Blanc dans les affaires de Juin, dont on peut, il est vrai, suspecter la bonne foi, l'association ne fut jamais bien prospère. On garantissait aux ouvriers un salaire de deux francs par jour, et, à aucun moment, ils ne reçurent plus de deux francs quinze centimes[1]. C'était peu

1. Rapport de la Commission d'enquête, II, 135.

pour un travail de dix heures par jour. On sait
par la même source que la majeure partie des
ouvriers étaient étrangers. Ce qu'il y a de certain,
c'est que l'association manquait de capitaux.
Dans les premiers jours de juin, elle adressait au
gouvernement une demande de crédit de 80,000
francs. Louis Blanc fut prié d'intervenir. Mais
bientôt les émeutes de Juin vinrent provoquer
une réaction et jeter le discrédit sur les sociétés
ouvrières. Les tailleurs de Clichy, compromis par
l'intérêt que leur témoignait Louis Blanc, furent
accusés d'avoir combattu sur les barricades.
Cependant, sur seize cents ouvriers qui travaillaient
à cette époque, six seulement furent arrêtés.
Quoi qu'il en soit, le marché passé avec eux pour
la fourniture des uniformes fut résilié. On leur
versa une indemnité de 30,000 francs qui fut
absorbée presque toute entière par les dettes qu'ils
avaient contractées vis-à-vis des fournisseurs. Le
surplus fut partagé entre tous et l'association fut
dissoute. Elle se reconstitua peu de temps après,
et on la retrouve assez prospère, en 1849, rue du
Faubourg-Saint-Denis.

L'association des tailleurs de Clichy ne fut pas
une tentative isolée. Le mouvement coopératif se
propageait dans toutes les industries, semblable à
la pierre jetée dans l'eau qui trace des cercles qui

naissent l'un de l'autre et s'agrandissent toujours, suivant l'expression de Louis Blanc. La fourniture des selles qui se fabriquaient autrefois à la caserne de Saumur avait été concédée à des ouvriers selliers qui avaient formé une association sur les mêmes bases que les tailleurs. Les ouvriers fileurs s'associèrent, et ils s'entendirent avec les passementiers pour entreprendre la fabrication des épaulettes de la garde nationale. Louis Blanc obtint pour eux toutes les concessions nécessaires, et, grâce à son intervention, le Comptoir d'escompte leur consentit un prêt de 120,000 francs[1].

La popularité de Louis Blanc était alors immense et l'idée d'association séduisait tous les esprits. Dans tous les corps de métiers, les ouvriers se groupaient en sociétés. Il s'en forma entre les ouvriers imprimeurs en étoffes, les menuisiers, les ébénistes, les maçons, les tanneurs, etc. La Commission du Luxembourg était assaillie de demandes et elle ne put bientôt plus suffire à la tâche d'organiser les associations. Le 26 mars, elle fait insérer dans le *Moniteur* un avis pour rappeler qu'elle « n'a été instituée que pour élaborer des projets de loi qui seront soumis à l'Assemblée nationale, et préparer par ses discussions l'opinion

1. *Le nouveau monde industriel*, décembre 1849.

publique sur cette matière ; mais que, désirant faire marcher la pratique à côté de la théorie, la Commission s'emploie de grand cœur à faciliter la réalisation immédiate de ses vues, toutes les fois que son intervention est requise ou acceptée par les intéressés. Cependant, lorsqu'il y a dissentiment entre les intérêts divers, et que l'intervention de la commission n'est réclamée et acceptée que par l'une des parties, n'ayant le droit d'agir ni comme pouvoir exécutif, ni comme pouvoir législatif, la Commission doit s'abstenir et rentrer alors dans les travaux de commission d'études... »

Mais le succès des associations coopératives ouvrières ne fut pas de longue durée. Des nombreuses sociétés fondées en 1848, bien peu existaient encore en 1850. Il faut attribuer cet échec au défaut d'éducation des ouvriers et surtout au manque d'avances. La plupart en effet n'avaient d'autres ressources que leurs bras et une inaltérable confiance. Ce qui manquait aussi, c'était une direction commune, laquelle fut donnée pendant un certain temps par la Commission du Luxembourg. D'ailleurs, dès que la bourgeoisie eut triomphé du socialisme par la répression sanglante des troubles de Juin, elle se hâta de profiter de sa victoire et de réagir contre les tentatives qui

avaient été faites pour transformer la condition
sociale des ouvriers.

Indépendamment de ce rôle officiel ou non qu'il
remplit en concours avec les autres membres de
la Commission, Louis Blanc intervint comme
arbitre dans les différends entre patrons et
ouvriers. Les conflits qui surgissent entre
employeurs et employés sont d'une nature parti-
culièrement délicate. Celui à qui les parties con-
fient la solution de la question qui les divise doit
avoir la confiance de tous, et, dans l'espèce, il
doit joindre à la popularité une réputation d'inté-
grité solidement établie.

Il faut reconnaître que ce rôle d'arbitre conve-
nait admirablement à Louis Blanc. Il était l'idole
des ouvriers, qui comptaient sur l'application de
ses théories pour améliorer leur situation; en
même temps, il ne pouvait éveiller la défiance des
patrons, qui connaissaient la loyauté de son
caractère. D'ailleurs, il s'était toujours montré, et
il persista toute sa vie dans cette opinion, partisan
de la solution pacifique des conflits. Il le déclara
en 1872 à l'Assemblée nationale : c'est seulement
dans certaines circonstances heureuses, lorsque
les patrons, par suite d'une activité extraordinaire
des affaires, ont des profits élevés, que les grèves
peuvent se terminer favorablement pour les

ouvriers. Et même dans ce cas, le triomphe ne
sera que temporaire. La prospérité d'une industrie
y attire de nouveaux capitaux et de nouveaux
concurrents, et bientôt les patrons devront réduire
les salaires au chiffre primitif. Peut-être même
descendront-ils plus bas, et les ouvriers ne seront
certainement pas dédommagés des souffrances
qu'ils auront endurées pour contraindre les
patrons à leur donner satisfaction. Ainsi, au point
de vue économique, les grèves sont une mauvaise
chose pour les ouvriers. Elles ne valent pas mieux
au point de vue moral. « Les grèves, au point de
vue moral, dit-il, ont certainement cela de funeste
qu'elles aigrissent les esprits, qu'elles font appel
à la Némésis populaire..., qu'elles enveniment
les animosités de classe à classe, et que les quali-
tés même de fermeté d'âme, de stoïcisme qu'elles
peuvent développer chez l'ouvrier, sont des qua-
lités qui conviennent à la guerre et non à la paix[1] ».
Aussi Louis Blanc s'efforça toujours de trancher
les différends qui lui furent soumis, donnant
satisfaction aux ouvriers quand ils avaient raison,
sans méconnaître les droits des patrons.

L'état désastreux de l'industrie rendait les crises
nombreuses, et les demandes d'arbitrage furent

1. Assemblée nationale, séance du 6 mars 1872.

fréquentes. Le 8 mars, les délégués des entrepreneurs de transport en commun et ceux des conducteurs et cochers viennent lui exposer divers
griefs. La discussion dura trois heures. Louis
Blanc rendit une sentence où il reconnaissait la
nécessité d'améliorer la situation des conducteurs;
en même temps, pour ne pas froisser les autres
plaignants, il déclare qu'il est de l'intérêt bien
entendu des travailleurs d'apporter de la modération et de la mesure dans leurs réclamations les
plus légitimes.

Le 26 mars, il rétablit l'entente entre les ouvriers
des usines Derosne et Cail. Le même jour, il
décide les ouvriers mécaniciens de l'établissement
Farcot, de Saint-Ouen, à reprendre le travail.

Chaque jour de nouveaux litiges étaient soumis
au président de la Commission, qui les tranchait
généralement à la satisfaction de tous. Il serait
trop long de les énumérer. Ces fonctions arbitrales
firent l'objet d'une proclamation où le rôle paci-
ficateur de la Commission était couvert d'éloges.
Cette proclamation, insérée dans le *Moniteur*, était
ainsi conçue : « Tel est le caractère essentiellement
social de la Révolution de 1848, telle est l'immi-
nente nécessité des réformes économiques, qu'une
commission instituée pour élaborer des projets
de loi, pour chercher la solution du problème de

l'organisation du travail, est transformée incon-
tinent, par la force des choses, en une haute cour
de prudhommes, et exerce une sorte de gouvernement moral par le vœu libre et l'appel exprès
des travailleurs et des chefs d'établissement. La
Commission se trouve donc conduite à mener de
front la théorie et la pratique. Ce double rôle, qui
lui vient de l'adhésion et de l'initiative pressante
des intérêts, elle l'accepte comme un devoir.
Seulement elle insiste pour qu'on ne lui rende pas
trop difficile l'accomplissement de ce devoir, par
des demandes d'intervention simultanées, auxquelles il lui serait impossible de répondre en temps
convenable [1] ».

Ainsi, soit qu'elle s'employât comme comité de
législation, soit comme tribunal arbitral, soit
qu'elle prît à tâche d'encourager les associations
ouvrières, la Commission du Luxembourg rendit
de réels services. Au milieu de l'anarchie économique qui sévissait en 1848, elle était un organe
d'une utilité incontestable. Peut-être a-t-elle joué
un rôle politique que certains critiques se sont
plu à dépeindre sous les couleurs les plus noires.
Sa participation à l'affaire du 15 Mai et à l'insurrection de Juin n'a d'ailleurs jamais été bien établie,

1. *Moniteur*, 28 mars 1848.

et les griefs qu'on lui a faits sont plutôt d'ordre moral : ce sont les enseignements qu'elle donnait qui auraient poussé les ouvriers à la révolte. Pour moi, je serais porté à croire que son influence a été surtout bienfaisante, qu'elle a contribué à ramener le calme dans les esprits surexcités par la misère, et que, plus d'une fois, elle a empêché le peuple affamé de se porter aux pires excès, en faisant naître dans son cœur l'espérance de jours meilleurs.

CHAPITRE IX

Le Gouvernement. — Organisation du pouvoir. — Les corps constitués : le clergé, la magistrature, l'armée.

Quelle sera la forme du gouvernement auquel Louis Blanc confie la tâche pénible d'organiser le travail ? Les physiocrates, partisans de la liberté économique, pensaient qu'un pouvoir fort était seul capable d'accomplir de grandes réformes, et l'idéal de Quesnay était le despotisme de la Chine. Beaucoup de socialistes les ont suivis dans cette voie. En Allemagne, notamment, une fraction importante du parti socialiste, dont les idées relèvent de Lassalle, est très dévouée à l'ordre politique actuel. Wagner prétend que les réformes sociales sont plus faciles à appliquer dans un empire que dans une république. Il ne faut donc pas s'étonner que Bismarck ait pris la défense de Lassalle, pendant qu'il se montrait l'ad-

versaire du libéralisme bourgeois de Schultze-
Delitzch.

Louis Blanc est avant tout un libéral, ennemi
de tous les genres de despotisme, aussi bien de la
démagogie que de la dictature. « Quand la liberté
n'est point au sommet de l'Etat, dit-il, elle n'est
nulle part [1] ». Le pouvoir ne sera donc pas absolu.
Il ne sera pas non plus monarchique. Louis Blanc,
ainsi que nous l'avons vu, est un adversaire de
l'héritage. Or la monarchie est héréditaire par
essence ; il en est ainsi même lorsqu'elle est tempérée par des pouvoirs rivaux et modérateurs,
par ce qu'on a appelé le système des contreforces.
Dans le premier volume de l'*Histoire de la Révolution*, il se sépare nettement de Montesquieu.
Vivant à une époque où la royauté ne semblait
pas pouvoir être discutée, celui-ci place le souverain en dehors et au-dessus de la société ; il le considère comme une sorte d'idole inviolable et in-
tangible. Cependant, après Hotman, Hubert
Languet et Bodin, que certains auteurs ont considéré à tort comme un absolutiste, il pense que la
monarchie doit être tempérée par l'intervention
des corps de l'Etat dans le gouvernement. Il distingue trois espèces de gouvernement, le républi-

---

1. *Histoire de la Révolution*, I, p. 78.

cain, le monarchique et le despotique, et il donne
pour ressort : au premier la vertu, au second
l'honneur, au troisième la crainte [1].

En faisant de la vertu le ressort indispensable
des Etats démocratiques, dit avec raison Louis
Blanc, Montesquieu semble « avoir confondu le
principe avec le résultat, et donné pour base à
l'édifice ce qui n'en est que le couronnement ».
Il est certain que la vertu n'est pas moins nécessaire dans une monarchie que dans une république. « Au point de vue social, dit Louis Blanc, la
vertu consiste dans l'harmonie entre l'amour que
l'homme se porte à lui-même et celui qu'il doit à
ses semblables [2] ». Le règne de la vertu tient à
l'état des mœurs plutôt qu'au régime politique ; la
république, en donnant à l'individu conscience
de sa personnalité, tend à élever le niveau moral.
Louis Blanc a donc raison de dire que la vertu
sera plus fréquente dans une démocratie que dans
une monarchie. Mais il ne faut pas aller jusqu'à
dire qu'elle est incompatible avec ce dernier
régime. Sous la monarchie constitutionnelle, le
roi n'est plus qu'un citoyen, investi de fonctions
spéciales, et soumis aux lois comme les autres.

1. *Histoire de la Révolution*, I, p. 386.
2. Ibid., p. 386.

Le prince ne peut plus dire comme Louis XIV :
« l'Etat, c'est moi ». La personnalité du roi s'efface
devant l'image de la Patrie qui n'est plus la propriété d'un seul, mais qui appartient en commun
à tous les citoyens.

D'après Louis Blanc, le trait caractéristique des
démocraties, c'est « l'admissibilité » : il en résulte
que les fonctions publiques sont un devoir pour
tous les citoyens. Aussi elles se maintiendront à
moins de frais que les monarchies « dont le trait
caractéristique est l'exclusion ». Les impôts seront
moins lourds [1].

Montesquieu craint que le libre accès du pouvoir ouvert à tous ne déchaîne des ambitions vio-
lentes qui troubleront l'ordre public. Mais ce danger, dit Louis Blanc, est bien moins grand dans
une république. La voie étant ouverte à tous, les
compétitions pourront provoquer une lutte ar-
dente ; jamais elles ne causeront de troubles, car
ceux qui auront été évincés, conserveront toujours
l'espoir d'arriver. Dans une monarchie, au contraire, l'homme intelligent, se sentant impuissant
à arriver en restant dans la légalité, se tournera
vers la révolution, et il entraînera à sa suite
« toutes les douleurs inconsolées, toutes les haines

---

1. *Histoire de la Révolution*, I, p. 388.

qui attendent ». Aussi, le substratum des monarchies a toujours été l'ignorance du peuple, et
elles se sont toujours montrées hostiles au développement de l'instruction [1].

C'est à tort également que Montesquieu prétend
que la force des lois est plus grande dans une
monarchie que dans une république. Dans une
république, la loi est l'œuvre de tous, et, suivant
l'expression de Louis Blanc, « elle représente la
volonté de tous, garantie par la puissance de
tous ». La justice est rendue au nom du peuple
entier; c'est la « justice nationale », et non la
satisfaction d'une vengeance particulière. Dans
une monarchie la loi semble toujours l'œuvre du
prince, et elle n'a pas la même autorité [2].

Montesquieu avait été ébloui par le spectacle de
l'Angleterre, et, comme beaucoup de publicistes,
il n'avait vu que les apparences; il n'était pas
descendu jusqu'au fond des institutions. L'Angleterre est la terre classique de la liberté, mais,
pour en arriver à ce point, il a fallu des siècles
de lutte et un long apprentissage. La division des
pouvoirs n'existe pas en réalité. « En Angleterre,
dit Louis Blanc, la royauté, la chambre des lords,

1. *Histoire de la Révolution*, I, p. 388.
2. Ibid.

la chambre des communes, ne furent jamais que
trois fonctions, que trois manifestations diverses
d'un même pouvoir, celui de l'aristocratie ». Si
l'on adopte la théorie de Montesquieu et qu'on
établisse un régime politique où le pouvoir ar-
rête réellement le pouvoir, on crée au sommet
de la société des organes qui seront perpétuel-
lement en conflit. D'un côté le monarque héréditaire dont la personne est inviolable, de
l'autre la Chambre des représentants, qui dispose d'une arme redoutable dans le droit de voter les subsides, ou de les refuser. Et il est à
craindre que le troisième pouvoir s'acquitte mal
de sa tâche de médiateur. D'ailleurs, il vaut
beaucoup mieux prévenir la discorde que de
l'apaiser et les querelles qui se produiront auront dans tout le pays un retentissement pénible[1].

La constitution anglaise, en effet, a été profondément modifiée par les usages constitutionnels.
En réalité, il n'existe qu'un seul pouvoir, le Cabi-
net, composé d'une délégation du Parlement. Le
roi ne fait que sanctionner les décisions qu'il
prend. Il en est de même des constitutions qui ont
pris l'Angleterre pour modèle. Chez nous, bien que

1. *Histoire de la Révolution*, t. Ier, p. 392.

les ministres soient nommés par le chef de l'Etat,
ils sont en fait les représentants de la majorité
parlementaire. Les ministres sont seuls responsables des actes du gouvernement. Les Etats-Unis,
qui connaissaient surtout la constitution anglaise
par les théories de Montesquieu et de Blackstone,
ont limité étroitement la sphère des attributions
de chaque pouvoir. Aussi, chez eux, les usages
constitutionnels n'ont guère altéré la séparation
des pouvoirs.

Pour Louis Blanc, la souveraineté réside dans
le peuple tout entier. Dans nos grandes nations
modernes, le peuple ne peut exercer directement
le pouvoir comme il le faisait à Rome et à Athènes ;
il le délègue à des mandataires élus et toujours
révocables. La souveraineté du peuple est inaliénable ; aucun pouvoir de l'Etat ne sera donc héréditaire, et la forme extérieure du gouvernement
sera républicaine.

Mais la République peut être organisée de différentes manières. Les constitutions républicaines
qui ont régi la France ne se ressemblent pas et
de nombreuses conceptions peuvent se présenter
à l'esprit.

Tout d'abord, le droit de suffrage doit apparte-
nir à tous. Louis Blanc ne peut admettre le système censitaire, pratiqué sous la monarchie de

14

Juillet, et il s'est signalé dans la campagne en faveur du suffrage universel qui devait aboutir à la Révolution de 1848. On prétend, dit-il, que la fortune est le signe de la moralité et de la capacité. Mais beaucoup de gens sont arrivés à la richesse par des moyens malhonnêtes, et, à côté d'eux, des hommes intelligents sont restés pauvres pour n'avoir pas voulu sacrifier à leur intérêt leurs idées et leur vertu, D'ailleurs pour qu'elle représente la volonté de tous, la loi doit être l'œuvre de tous[1].

Louis Blanc n'approuve pas davantage le système d'élections à deux degrés, organisé par la Constitution de 1791[2], et pratiqué aujourd'hui encore pour la désignation des membres du Sénat.

Le droit de vote appartient à tous les citoyens mâles et majeurs. Louis Blanc ne voit pas d'inconvénient à l'attribuer aux militaires. Dans un pays où tout citoyen est soldat, dit-il, tout soldat peut être citoyen, et il est équitable qu'il concoure à faire la loi qui lui ordonne de mourir pour sa patrie[3].

Le droit de voter ne devra pas non plus être

1. Banquet réformiste de Dijon. Décembre 1847.
2. *Histoire de la Révolution*, III, p. 382.
3. Discours. Assemblée nationale, séance du 4 juin 1874.

restreint par l'obligation imposée à l'électeur de résider pendant un certain temps dans un lieu déterminé. Avec le régime industriel qui pousse les ouvriers à des déplacements nombreux, une fraction importante de la population ne pourrait exercer ce droit. Qu'on ne vienne pas dire que cette catégorie d'individus n'a aucun intérêt à voter parce qu'elle ne possède rien et qu'elle n'a ainsi aucun avantage au maintien de l'ordre social. Toutes les classes de la société sont solidaires, et le meilleur moyen d'empêcher les malheureux de recourir aux armes, c'est de leur permettre de participer à la loi [1].

Louis Blanc, d'ailleurs, est partisan de la représentation des minorités. La souveraineté du peuple, dit-il, pourrait aboutir à substituer la tyrannie du nombre à celle d'un seul. Il ne faut pas qu'une majorité puisse devenir oppressive. Aussi, non seulement on doit accorder aux minorités une représentation proportionnelle, mais encore on doit « déclarer supérieurs au droit des majorités et absolument inviolables la liberté de conscience, la liberté de la presse, les droits de réunion et d'association, et, en général, toutes les garanties qui permettent à la minorité de devenir une majorité,

1. Discours. Assemblée nationale, séance du 4 juin 1874.

pourvu qu'elle ait raison et qu'elle le prouve[1]. »

Il est certain que le principe des majorités est loin d'être équitable. Tous les hommes étant égaux en droit, il peut paraître étrange que quelques-uns obéissent à des décisions qu'ils n'approuvent pas. Beaucoup d'électeurs s'abstiennent de voter, les uns parce qu'ils désespèrent du succès de leur candidat, d'autres par simple indifférence. Et, à ce point de vue, on pourrait demander le vote obligatoire. De plus, les lois sont souvent votées à une majorité très faible, et si on ajoute au nombre des électeurs représentés par les députés opposants celui des abstentionnistes, on aboutira à ce résultat étrange que la loi est l'œuvre de la minorité. Mais la représentation proportionnelle des minorités ne pourrait guère remédier à cet état de choses. Ce système a pu donner de bons résultats dans certains pays, notamment en Angleterre. En France, son fonctionnement serait certainement mauvais. Chez nous, trop de partis se disputent le pouvoir, et le pays est divisé non seulement sur des questions de détail, mais sur la forme même du gouvernement. On aboutirait à une assemblée anarchique, incapable de légiférer et qui mettrait

1. Discours. Conférence du lac Saint-Fargeau, 26 octobre 1879.

en péril la vie économique et l'existence même de la nation.

La forme républicaine doit donc être placée en dehors de toute discussion. Mais comment organisera-t-on le gouvernement? Quoiqu'il soit partisan de la liberté individuelle la plus étendue, Louis Blanc ne va pas jusqu'à supprimer le Pouvoir, comme le faisait Proudhon. « L'idée de société, dit-il, implique celle de gouvernement. Ainsi, la raison d'être de la notion gouvernement consiste dans la nécessité d'assurer la liberté de tous en donnant un contre-poids à l'inégalité que la nature a établie au profit de quelques-uns. D'où cette conséquence, que le fléau de la liberté, c'est l'anarchie[1] ». D'ailleurs, il ne faut pas se laisser tromper par les mots et accepter sous le nom de République un régime tyrannique. « Est-ce que la Constitution de 1804 ne commençait pas par ces mots : « Le gouvernement de la République est confié à un empereur qui prend le titre d'empereur des Français[2] ». Le pouvoir de faire le pacte constitutionnel appartient au peuple, seul détenteur de la souveraineté. Le peuple ne pourra exercer ce pouvoir directement, et il le déléguera à des mandataires spéciaux. Mais il faut toujours craindre que

1. *Histoire de la Révolution*, tome VII, p. 241.
2. Discours. Assemblée nationale, séance du 21 juin 1875.

ces délégués n'abusent de leur pouvoir, et leur
travail devra être sanctionné par le peuple. « Rap-
pelons-nous, dit-il, que le 21 septembre la Convention déclara ceci : « Il n'y a pas de Constitution sans ratification du peuple »[1]. Et il s'appuie
sur ce fait que la Constitution de 1875 n'a pas été
soumise au plébiscite pour en réclamer la révision.

La loi constitutionnelle doit en effet être entourée de garanties plus grandes que les lois ordinaires. Celles-ci peuvent être modifiées beaucoup plus
facilement et leur application est soumise à l'ap-
préciation des juges qui ont toute liberté pour les
interpréter. La Constitution, au contraire, est dépourvue de sanction. Le pouvoir constituant disparaît aussitôt que sa tâche est achevée. Aussi, il
doit organiser les diverses fonctions du pouvoir
de telle sorte qu'elles se fassent contre-poids et
restent dans les limites qu'il leur a assignées. Si
le pouvoir législatif, par exemple, excède ses attributions, l'acte entaché d'illégalité n'en aura pas
moins force de loi. C'est pour cela que le pouvoir
constituant ne peut pas être arbitraire. S'il veut
faire une loi respectée, il faut qu'il se conforme à

1. Discours. Banquet du v⁰ arrondissement, 21 septembre
1881.

l'opinion publique, au sentiment commun qui est la seule force extérieure aux pouvoirs constitués qui peut peser sur eux. Dans certaines constitutions, les tribunaux peuvent refuser d'exécuter un acte illégal. Il en est ainsi aux États-Unis, où la Cour suprême peut décider qu'un acte est inconstitutionnel. Mais cette garantie est encore incomplète et il ne faudrait pas lui attribuer toute la confiance que Louis Blanc semble avoir en elle[1]. Aux État-Unis, en effet, l'acte ne peut être examiné qu'à l'occasion d'un débat judiciaire engagé et porté devant la Cour suprême. Or beaucoup d'actes irréguliers ne seront jamais portés devant les tribunaux, parce que personne n'a intérêt à leur annulation.

Le peuple souverain ne pourra pas davantage exercer lui-même le pouvoir législatif. La législation directe était possible dans des États peu étendus comme les cités grecques ; les citoyens, débarrassés des soucis de l'existence par le travail des esclaves, avaient de nombreux loisirs qu'ils pouvaient consacrer à la chose publique. Dans nos grandes nations modernes, il n'en est plus ainsi, et les citoyens ne pouvant exercer leur droit eux-mêmes doivent le déléguer à un petit nombre

---

1. Discours. — Conférence à Marseille du 21 septembre 1879.

d'entre eux. On aboutit ainsi au système représentatif.

La délégation ne doit en aucun cas être définitive et irrévocable. Le peuple mandant conserve
toujours un droit de contrôle sur ses mandataires. Il conservera son autorité sur eux, soit en les
désignant pour un temps très court, soit en se ré-
servant le droit de les révoquer. Le frein du pouvoir législatif, dit Louis Blanc, doit être dans la
main du peuple. « Que les mandataires de la nation soient ses commis ; qu'un mode régulier de
révocation leur soit un avis, une menace, et, le
cas échéant, une punition redoutée ; qu'ils mar-
chent sous le poids d'une responsabilité vraie ;
que, par la fréquence des réélections, la constante
animation de la vie politique et le contrôle des
clubs, l'œil et le bras du peuple soient constamment sur eux [1] ». Et, d'après lui, la durée du mandat ne devrait pas excéder deux ans.

Pour Louis Blanc, la représentation doit être
unique. Le système des deux Chambres n'est bon
qu'à entraver la marche des affaires et à empêcher les réformes d'aboutir. Dans la discussion des
lois constitutionnelles, il se prononça contre l'institution du Sénat, et, dans la suite, il en demanda

1. *Histoire de la Révolution*, tome III, p. 68.

constamment la suppression. « On a fait grand
bruit, dit-il, des entraînements possibles d'une
Chambre unique, de son despotisme à prévoir, et
on cite l'exemple de la Convention. On peut citer
en sens contraire l'Assemblée législative de 1792
et la Constituante de 1848, et si la Convention a
été terrible, c'est qu'elle était placée dans une
situation exceptionnelle, forcée de résister aux
ennemis du dedans et du dehors, et qu'elle avait à
sauver la Révolution[1]. » On objecte que les atten-
tats contre la liberté seront plus faciles à consommer avec une seule Chambre : mais l'attentat du
18 brumaire a été accompli avec la complicité du
Conseil des Anciens et celui du 16 Mai avec l'appui du Sénat.

Si, dans la pratique, le système des deux Chambres n'a pas donné les mauvais résultats que redou-
tait Louis Blanc, en théorie il peut prêter à bien
des critiques. La nécessité d'une Chambre haute se
fait sentir dans une monarchie, pour donner une
représentation à l'aristocratie. Dans une république fédérative elle trouve sa raison d'être ; en
donnant aux petits États une représentation égale
aux autres dans le Sénat, on compense l'inégalité
qui résulterait du fait que le nombre des députés

1. Conférence de Marseille, 21 septembre 1879.

est basé sur le chiffre de la population. Mais dans une république démocratique et unitaire comme la nôtre, le Sénat apparaît comme un rouage inutile, une superfétation. Et cela est si vrai que la Constitution de 1875 a été l'œuvre d'une assemblée monarchique, qui a organisé le gouvernement de telle sorte qu'au moment propice il n'y eût plus qu'à substituer un roi au président de la République. Le système ne peut fonctionner que par une série de compromissions et d'abdications de la part de l'une ou l'autre Chambre. En fait, c'est le plus souvent le Sénat qui cède. Le grand âge des sénateurs les dispose davantage aux concessions; peut-être aussi craignent-ils, par leur résistance, de faire sentir qu'ils sont inutiles, et qu'il n'y aurait aucun inconvénient à les supprimer.

Je ne veux pas dire d'ailleurs que cette suppression pourrait se faire sans un remaniement complet de la Constitution. Il conviendrait de limiter étroitement les pouvoirs de l'Assemblée unique, et de mettre les mandataires beaucoup plus sous la dépendance du peuple qu'ils ne le sont actuellement. A ce point de vue, les mesures proposées par Louis Blanc sont loin d'être révolutionnaires et donneraient sans doute de bons résultats. « Décidez, dit-il, si vous le voulez, que les projets de loi traverseront l'épreuve d'un examen préalable

par un conseil national de grands juristes ; confé-
rez à la minorité, lorsqu'elle atteindrait une certaine proportion, le droit de suspendre l'effet d'une
mesure votée, de manière à laisser à l'opinion publique le temps de réfléchir et de se prononcer...,
empêchez les serviteurs de devenir les maîtres, en
rendant très courte la durée du mandat parlementaire, en la fixant à deux années par exemple, et
vous n'aurez pas à redouter le despotisme d'une
assemblée unique[1]. »

Il est une institution, qui a été oubliée par Louis
Blanc, et qui remplacerait avantageusement la
seconde Chambre. C'est la consultation populaire
obligatoire ou facultative, le *referendum*. Le grand
obstacle qui s'oppose, chez nous, à l'adoption de
cette pratique, c'est qu'on a le tort de la confondre avec le plébiscite dont il a été fait un usage
abusif sous le second Empire. On redoute l'agita-
tion qui en résulterait dans tout le pays ; mais ce
serait plutôt un bien, car, à l'heure actuelle, la
majorité des citoyens se désintéresse de plus en
plus des affaires publiques. Le *referendum* fonc-
tionne très bien en Suisse depuis 1874, et il est à
remarquer que des lois très en faveur auprès des
représentants sont repoussées par le peuple. C'est

1. Discours de Marseille. 21 septembre 1879.

ce qui s'est produit, par exemple, pour la loi sur l'assurance obligatoire. Elle fut adoptée en 1899 par les Assemblées à l'unanimité moins une voix. Soumise à la votation populaire, elle fut repoussée par 337,000 citoyens contre 146,000. Cela prouve que les élus ne sont pas toujours d'accord avec leurs mandataires et que souvent il n'est pas inutile de faire trancher à ceux-ci les questions délicates.

Le pouvoir législatif ainsi entouré de garanties n'inspire plus à Louis Blanc aucune crainte d'oppression. Il n'en est pas de même de l'exécutif. Le crime de Décembre lui avait appris à s'en défier. Aussi trouve-t-il exagérées les attributions que lui confère la Constitution et surtout la longue durée de ses fonctions. « Nous avons un roi moins l'hérédité, dit-il. Le Président de la République, tel que le fait la Constitution, est irresponsable comme un roi ; il a le droit de grâce, comme un roi ; il a l'initiative des lois, je ne dirai pas comme un roi, Louis XVI ne l'avait pas ! ». L'idéal de Louis Blanc, c'est une République sans président, un gouvernement analogue à celui de la Constitution de 1793, où le pouvoir exécutif serait exercé par une délégation de l'Assemblée.

1. Conférence de Marseille. 21 septembre 1879.

« Voulez-vous empêcher Louis Bonaparte d'arriver jamais comme président de votre République ? disait-il en 1848, à la Constituante ? Vous avez pour cela un moyen bien simple et sur lequel j'appelle vos méditations : vous n'avez qu'à écrire dans la Constitution que vous allez faire, — ce qui serait éminemment républicain, ce qui serait le vrai gage de la solidité de la République, — l'article que voici :

« Dans la République Française fondée le 24 Février 1848, il n'y a pas de président[1] ». Il est probable que si l'on eût écouté ce sage conseil, et que si l'on eût voté l'amendement Grévy qui en était la reproduction, on n'aurait pas eu à déplorer les malheurs du second Empire.

Aujourd'hui, la République est assez solidement établie pour qu'on n'ait plus à craindre une usurpation du pouvoir ; on sent davantage la nécessité d'un exécutif fort. Ainsi que le disait M. Paul Deschanel : « Se peut-il sophisme pire que de confondre la souveraineté du peuple avec la toute-puissance de ses représentants[2]. » La tyrannie des législateurs n'est pas moins à redouter que celle de l'exécutif. Dans une République parlementaire,

1. Assemblée nationale. Séance du 13 juin 1848.
2. Discours de réception à l'Académie.

un président doit être l'arbitre des partis. Il con-
courra à la grandeur de la Patrie en maintenant,
dans les relations extérieures, les traditions que
l'instabilité des ministres responsables pourrait
faire oublier. Le régime que propose Louis Blanc
serait le règne des clubs, le triomphe de la popu-
lace turbulente. L'ordre public serait troublé par
des émeutes quotidiennes. On ne comprend guère
qu'après avoir été témoin et même victime des
événements de 1848, il soit resté fidèle jusqu'à la
fin de sa vie à un régime identique à celui d'alors.
C'est qu'il tient aux principes plus qu'à tout autre chose. Pour lui, les principes sont tout. « Les
principes, dit-il, sont à l'homme politique ce que
la boussole est au navigateur : ils marquent la direction qu'ont à suivre les peuples en route pour
la liberté[1]». Son but, c'est un gouvernement libre,
assurant la liberté et le bonheur à tous. Il y marche par tous les sentiers qu'il croit propres à l'y
conduire, sans s'occuper des cadavres qui s'éche-
lonnent sur la route. « Est-ce qu'une loi souveraine, dit-il, n'a pas attaché le mal au bien comme
une condition absolue, irrévocable ? Qu'est-ce que
l'univers animé ? Le théâtre d'une lutte infinie.
Qu'est-ce que la vérité ? Une flamme qui éternel-

1. Conférence de Marseille, 21 septembre 1879.

lement grandit et brille sur des tombeaux. Dans
la nature, les espèces ne subsistent que par la destruction des espèces inférieures. La terre où les
vivants s'agitent est faite de la poussière des
morts[1] ».

La réforme politique doit se compléter, dans la
pensée de Louis Blanc, par une large décentralisation administrative qui aura pour point de départ
la Commune. « Il ne saurait y avoir dans la société
que deux forces : la *Commune*, qui répond à l'i-
dée d'association, et l'*Etat*, qui répond à l'idée de
nationalité[2] ». L'autorité départementale ne doit
servir qu'à mettre en rapport ces deux forces
essentielles. La Commune tient le milieu entre la
famille et l'Etat. « Malheur au pays où la liberté
politique ne se lie pas intimement à la liberté municipale... Là où l'autorité centrale se fait déposi-
taire même des intérêts locaux, la vie publique
violemment refoulée au même lieu y devient con-
fuse et tumultueuse, tandis qu'ailleurs elle est
inerte. L'excès de la centralisation administrative
produit ce calme, cette stabilité morne qui ne
sont autre chose que la régularité dans l'oppression, le silence dans l'abaissement, l'immobilité

1. *Hist. de la Révolution*, t. II, p. 420.
2. *Histoire de dix ans. t.* V, chap. XI.

dans la servitude[1].» La Commune, c'est «l'école primaire de la vie publique et du patriotisme ». C'est en s'attachant au sol natal que le paysan s'attache au drapeau.

Il convient de donner à la Commune plus d'indépendance et que, dans tout ce qui a un caractère communal, on la laisse se gouverner elle-même. On doit lui donner toute latitude pour gérer les affaires communales. Le département n'est qu'une division arbitraire; il n'en est pas de même de l'association municipale, qui est une association naturelle, basée sur la communauté d'habitudes et la continuité des relations. La Commune, c'est « le clocher, la salle d'asile, l'école, l'hospice, le cimetière ».

Louis Blanc a habité longtemps l'Angleterre, et c'est probablement ce séjour qui lui a permis d'apprécier les avantages de la décentralisation administrative. C'est d'ailleurs le rêve de tous les socialistes de transformer la commune et d'en faire un centre politique. Les théories socialistes seront beaucoup plus faciles à appliquer dans le champ restreint de la commune, que sur toute l'étendue de l'Etat. D'après Benoît Malon, la commune doit être « le pivot de la vie sociale future »

---

1. *Histoire de dix ans,* tome IV, chap. II.

et elle « est devenue le cri de guerre ou d'espérance des socialistes et la légitime préoccupation
des politiques éclairés[1] ». Il conviendra d'ailleurs,
pour qu'elle puisse remplir ce rôle, d'étendre
sa circonscription et d'établir des divisions à
peu près uniformes. On aboutirait ainsi aux
communes-cantons de Gambetta et de Floquet.
Chaque commune serait chargée de l'administration de ses affaires, voirie, éclairage, instruction.
On pourrait surtout élever le niveau de l'instruction primaire et lui donner un caractère professionnel suivant les régions. Aujourd'hui les études
supérieures coûtent fort cher et elles sont loin
d'être à la portée de tous. Dans une démocratie,
le but de l'instruction doit être de développer
l'intelligence, de permettre aux véritables capacités d'émerger des foules obscures. Il faut reconnaître que jusqu'ici l'instruction a failli à cette
tâche et qu'elle n'est à la disposition que d'un
petit nombre de privilégiés.

En ce qui concerne l'enseignement secondaire,
Louis Blanc demandait déjà il y a vingt ans les
réformes qui sont actuellement en discussion à la
Chambre. Sans méconnaître les services rendus
par l'Université, il voudrait que le programme des

1. *Socialisme intégral*, t. II, chap. vii.

15

études fût mieux approprié aux exigences de la
vie sociale moderne. Le développement industriel
et les progrès de la science exigent qu'on fasse
une large place à la physique, à la chimie et aux
mathématiques.

On néglige trop l'éducation au profit de l'instruction. « Créer des savants, c'est bien ; former
des hommes, c'est encore mieux ». L'Université
abandonne le soin de tout ce qui n'est pas instruction proprement dite à cette classe de fonctionnaires subalternes qu'on appelle maîtres d'études.
Vivant constamment au milieu des élèves, ceux-là
sont bien placés pour remplir le rôle d'éducateurs.
Mais comment veut-on qu'ils puissent s'intéresser
à leurs fonctions. « Mal rétribués, dédaignés par
les professeurs, fort peu respectés par les enfants
qu'enhardit le spectacle de leurs humiliations, à
quoi peuvent songer ces malheureux, qui sont la
plupart sans ressources, sinon à se maintenir dans
leur chétif emploi par l'observation littérale d'une
consigne en quelque sorte militaire [1] ».

Depuis 1881, on a amélioré considérablement
la situation des maîtres répétiteurs. Ils sont mieux
rétribués, et, bien qu'ils soient toujours en butte
aux railleries des enfants, — « cet âge est sans

---

1. Conférence du 29 mai 1881.

pitié », — ils ne sont plus les parias d'autrefois.
Néanmoins, je crois qu'ils arriveront difficilement
à remplir cette mission d'éducateurs que rêvait
pour eux Louis Blanc.

Il faudrait aussi donner une large place à l'enseignement professionnel. « La société, dit Louis
Blanc, a un intérêt immense à ce que l'essor de
toutes les aptitudes soit favorisé et à ce que les
fonctions correspondent aux aptitudes, seul moyen
de rendre aussi productif que possible le travail
de chacun de ses membres[1] ». Comme le demandait Fourier, il faut que le travail soit attrayant,
et, pour cela que chacun puisse choisir librement
la profession qui convient à ses goûts. Les programmes universitaires sont enfermés dans un
cadre trop étroit. Tous ceux qui ne font pas des
travailleurs manuels doivent faire les mêmes
études secondaires, quelle que soit la carrière à
laquelle ils se destinent. Il faudrait que l'enseignement secondaire soit gratuit. Tel, qui aurait fait
un très bon ouvrier, devient un mauvais littéra-
teur, parce que ses parents ont pu lui payer des
leçons de grec et de latin. Tel autre, qui aurait
pu faire un très bon écrivain, est condamné par
la misère à rester ouvrier. « Louis XVI n'était

1. Conférence du 29 mai 1881.

jamais plus heureux que lorsqu'il travaillait à faire des serrures, et il s'y entendait fort bien. La nature l'avait donc créé pour être serrurier. Les vices de l'organisation sociale le condamnèrent à être roi[1] ». Tous ces vœux, amélioration de la situation des maîtres répétiteurs, transformation du plan d'études pour faciliter l'accès des carrières commerciales ou industrielles, reçoivent satisfaction dans le projet de loi qui est actuellement soumis aux Chambres. Rien n'y manque, si ce n'est la gratuité de l'enseignement secondaire, qui serait une charge trop lourde pour le budget.

L'organisation du gouvernement est complétée par les corps constitués qui, pour Louis Blanc, sont au nombre de trois : le clergé, la magistrature et l'armée.

L'idée d'un clergé fonctionnaire, dit-il, remonte à Bonaparte, qui, en 1801, voulut donner une consécration religieuse à sa tyrannie. Depuis cette époque le clergé n'a pas cessé de gouverner la France. Et il réclame l'abolition du Concordat et la séparation des Eglises et de l'Etat.

La question a été agitée de nouveau bien souvent depuis lors. A chaque renouvellement de la législature elle figure au programme des partis

1. Conférence du 29 mai 1881.

avancés. On a produit en faveur du Concordat des arguments excellents; on en a émis en sens contraire d'autres tout aussi bons. Le Concordat a un avantage qui le fera peut-être maintenir encore longtemps : il maintient le clergé dans un état de dépendance vis-à-vis de l'Etat et concourt ainsi au maintien de l'ordre public.

Le pouvoir de juger a été considéré de tout temps comme un attribut de la souveraineté. Dans une démocratie, le peuple étant souverain, devrait juger lui-même ou nommer les juges à l'élection. Tel est le principe, et Louis Blanc ne recule pas devant son application. Les juges seront élus par le peuple et amovibles[1]. Il n'ignore pas les difficultés pratiques du système, mais, ainsi que je l'ai fait remarquer plus haut, pour lui, les principes sont tout. Cependant ces difficultés sont assez grandes pour avoir fait reculer les Etats-Unis, où la démocratie est cependant très avancée. Chez nous, on a admis l'élection pour les juges consulaires parce que les affaires commerciales soulèvent plutôt des questions de fait que de droit. Une large pratique des affaires suffit donc pour qu'on puisse décider en toute connaissance de cause. En matière civile il n'en n'est plus ainsi, et souvent

1. Conférence de Marseille, 21 septembre 1879.

des questions de droit très délicates sont soulevées. Pour les résoudre il faut plus que le simple
bon sens, il faut avoir des connaissances spéciales.
Il est vrai qu'on pourrait exiger des candidats
certaines conditions de capacité, mais dans ce cas
le choix du peuple ne serait pas entièrement libre.
D'ailleurs on pourrait se contenter de recruter
ainsi les magistrats de première instance, en ré-
servant au gouvernement le droit d'investiture
pour les juges d'appel. On pourrait au moins,
sans grand inconvénient, faire élire au suffrage
universel les juges de paix dont les fonctions con-
sistent plutôt à servir d'arbitres qu'à juger.

Quant à l'inamovibilité des juges, on prétend
généralement qu'elle est une garantie de leur indépendance. Louis Blanc trouve que c'est un privilège d'autant plus dangereux « qu'il est conféré
à des hommes qui tiennent dans leurs mains la
fortune de leurs justiciables et quelquefois leur
vie [1] ». Sous tous les régimes, le juge est asservi à
la politique. Sans doute il ne peut descendre, mais
il a toujours l'espoir d'avancer, et il devra quelquefois son succès à bien des compromissions. Un
gouvernement quel qu'il soit, républicain ou monarchique, ne doit pas avoir la mainmise sur le

1. Conférence de Marseille, 21 septembre 1879.

pouvoir judiciaire. Les magistrats, dit Louis Blanc,
doivent être élus à temps par le peuple, et ils relèvent de lui seul.

Les rares abus qui se produisent ne sont pas
pour faire condamner le principe. Sans doute, on
trouve des magistrats qui sacrifient tout à leur
avancement ; mais c'est l'exception, et il est probable que l'élection des juges au suffrage universel donnerait de bien plus mauvais résultats, et il
nous exposerait à avoir des magistrats complètement incapables. D'après Louis Blanc, d'ailleurs,
le juge ne doit pas connaître du fait et du droit.
Tout citoyen d'un pays libre a le droit d'être jugé
par ses pairs. « Le juré dit : Voilà l'espèce ; le juge
dit : Voici la loi. » Il doit en être ainsi, aussi bien
au civil qu'au criminel. Dans un cas, il s'agit de
la liberté ou de la vie, dans l'autre de la fortune
ou de l'honneur. Or beaucoup de gens tiennent
autant à leur fortune ou à leur honneur qu'à leur
vie. Le juge ne doit pas s'enfermer dans la rigidité
de la loi, et souvent il doit statuer en équité. Les
jurés connaîtront beaucoup mieux la vie des plai-
deurs et le degré de confiance qu'ils inspirent que
les magistrats qui contemplent la foule du haut de
leur siège[1]. » Enfin le jury doit être tiré au sort

---

1. *Hist. de la Révolution*, tome IV, chap. ix.

sur les listes du suffrage universel. « Alors, et
seulement alors, dit Louis Blanc, nous aurons un
jury qui sera celui non d'un parti, mais de la nation [1] ».

Le jury criminel est le complément indispensable des institutions d'un pays libre. Il serait dangereux d'abandonner la vie et la liberté des citoyens à des magistrats que leur fonction dispose
à voir le crime partout. Mais ce n'est pas un motif
suffisant pour choisir les jurés sur les listes élec-
torales, comme le proposait Louis Blanc, et même
on devrait exiger d'eux des conditions de capacité.
Le code n'a pu prévoir toutes les espèces particu-
lières. Parfois une faute insignifiante est frappée
d'une peine très dure. La société a éprouvé un
préjudice minime : mais l'accusé a avoué ; aucun
doute ne subsiste sur sa culpabilité. Si les jurés
ignorent les conséquences de leur verdict ils n'hé-
siteront pas à prononcer la condamnation, tandis
que dans le cas contraire ils acquitteront. C'est à
l'incapacité des jurés qu'il faut attribuer les acquit-
tements scandaleux qui se produisent quelquefois.
Et il est probable que ces motifs s'opposeront toujours à l'adoption du jury au civil. Il faudrait
souhaiter seulement qu'on l'étende aux affaires
correctionnelles.

1. Conférence de Marseille, 21 septembre 1879.

Malgré les progrès de la civilisation, l'humeur belliqueuse des nations subsiste encore, et il n'apparaît pas que la paix perpétuelle soit près d'être réalisée. Par suite, la nécessité des armées permanentes se fera sentir longtemps, à moins qu'on ne les remplace par quelque chose de plus avantageux. Louis Blanc, qui a vu les malheurs de la guerre franco-allemande, et qui, à l'Assemblée nationale, s'était prononcé pour la continuation des hostilités, ne propose pas la suppression du service militaire[1]. Il déclare au contraire que c'est un devoir pour tous les citoyens et qu'on ne peut s'y soustraire pour quelque cause que ce soit. C'est l'impôt du sang, on ne peut s'en acquitter à prix d'argent; donc, plus de volontariat d'un an, plus de dispenses ayant pour cause l'exercice de certaines professions[2].

La loi de 1889 sur le recrutement de l'armée est venue lui donner satisfaction en partie. Elle a réduit la durée du service militaire à trois ans, comme il le désirait, et elle a supprimé toutes les dispenses totales. Mais nul doute qu'il n'eût désapprouvé l'abus des dispenses partielles qu'elle a accordées à profusion. Étudiants, ouvriers, fils de veuve, soutiens de famille, personne n'a été ou-

1. Assemblée nationale, séance du 1ᵉʳ mars 1871.
2. Conférence de Marseille, 21 septembre 1879.

blié ; et la remise de deux années de service
leur est faite sans aucun profit pour l'État qui,
sous l'ancienne loi, recevait des volontaires d'un
an des sommes assez importantes. La loi nouvelle
a ouvert une large voie au favoritisme, et beaucoup de dispenses, notamment en ce qui concerne
les ouvriers d'art, sont dues à des influences politiques ou autres. On peut trouver injuste également que le fils d'une veuve millionnaire bénéfi-
cie de la loi, tandis qu'un fils d'ouvrier, dont le
salaire concourt à entretenir chichement sa famille,
devra rester trois ans sous les drapeaux.

Ces inconvénients n'ont pas été sans frapper
l'esprit des hommes politiques, et il est probable
que dans un avenir peu éloigné on établira le
service de deux ans obligatoire pour tous. C'est
la seule solution qui soit conforme à l'équité et
surtout à l'égalité. Il faut même souhaiter que les
nations en viennent à comprendre que l'armée est
une institution ruineuse qu'elles ont intérêt à supprimer. Je ne crois pas d'ailleurs qu'on puisse y
parvenir sans une entente internationale. L'État
qui en prendrait l'initiative et qui procéderait au
désarmement marcherait à sa ruine. La création
d'une milice nationale proposée par les socialistes,
ne paraît pas suffisante. La milice peut conve-
nir dans un pays comme la Suisse, qui, protégé

par sa neutralité, n'a pas à redouter une attaque immédiate[1]. Elle présenterait d'ailleurs de sérieux dangers au point de vue de l'ordre public ; les émeutes seraient beaucoup plus faciles si la nation était armée.

L'armée ne doit pas être au service du despotisme. Elle a pour mission de défendre le sol de la Patrie contre l'étranger, et elle ne doit pas être employée à réprimer les troubles. La discipline est la force des armées, dit Louis Blanc, et elle consiste pour le soldat « à obéir à la voix du chef comme le boulet de canon obéit à la poudre ». Il ne faut pas que les troupes soient chargées d'étouffer l'émeute, « car, dans ce cas, il serait possible que du respect aveugle de la discipline sortît un crime ; que le résultat d'une vertu professionnelle fût l'égorgement d'un peuple, et qu'à l'égard de la liberté la loi vivante du soldat fût la mort. Que de fois les résistances populaires ont été étouffées dans le sang par la ligne aux cris de : « Vive la ligne ! » Que voulez-vous ! la discipline était là, cette discipline de fer qui ordonne au soldat de tirer sur le tas, au risque de tuer son père pour obéir à son caporal[2] ! » La place de l'armée est

---

1. La Suisse, avec une population de 3 millions d'habitants peut mettre 220,000 soldats sur pied, en cas de mobilisation.

2. Conférence de Marseille, 21 septembre 1879.

aux frontières, elle ne peut être là où il n'y a pas d'ennemis.

Si une émeute est assez importante pour nécessiter l'intervention de la force, on confiera le soin de la réprimer à l'armée territoriale, composée d'hommes que leur âge met à l'abri des mouvements irréfléchis. Et en cas de succès, ils ne seraient pas tentés d'abuser de leur victoire pour mettre la main sur les libertés publiques[1].

Nous ne croyons pas qu'il soit possible de confier la répression des troubles civils à l'armée territoriale. Ce serait assurer d'une façon à peu près certaine le triomphe de l'émeute. Les territoriaux qui auraient perdu l'habitude de la vie militaire seraient incapables de résister aux factieux, animés pour la plupart de la foi révolutionnaire et enflammés par la parole des meneurs. Il faudrait donc recourir malgré tout à l'armée active, et son intervention serait d'autant plus désastreuse qu'elle serait plus tardive. Cependant on conçoit très bien la création d'un corps spécial qui serait chargé uniquement de maintenir l'ordre intérieur. La nécessité s'en fait surtout sentir à l'heure actuelle pour la répression des grèves qui deviennent de plus en plus fréquentes.

1. Conférence à Marseille, du 21 septembre 1879.

CHAPITRE X

Influence du socialisme antérieur sur les théories de Louis Blanc. — Influence de sa doctrine sur le socialisme postérieur.

Bien que Louis Blanc ait toujours répudié toute attache avec le communisme, c'est dans les écrits des auteurs communistes qu'il faut chercher la source de ses théories. La tradition communiste avait été conservée par un disciple de Gracchus-Babeuf, Philippe Buonarotti, qui avait réussi à échapper aux recherches de la police lorsque la conjuration fut découverte. En 1828, Buonarotti avait publié une histoire de la conjuration de Babeuf. Après la Révolution de 1830, il rentra en France, et il occupa dans le parti révolutionnaire une place à part. Il devint une sorte de patriarche, n'agissant plus, mais exerçant une grande influence morale. Louis Blanc, dans son *Histoire de dix ans*, le compare aux sages de l'ancienne

Grèce, et il le montre tenant tous les fils de la
trame révolutionnaire. Louis Blanc excelle dans
l'art de faire les portraits, et celui de Buonarotti
est tracé de main de maître. « Né à Pise, dit-il,
Buonarotti descendait de Michel-Ange. La gravité
de son maintien, l'autorité de sa parole, toujours
onctueuse quoique sévère, son visage noblement
altéré par l'habitude des méditations et une longue
pratique de la vie, son vaste front, son regard
plein de pensées, le fier dessin de ses lèvres ac-
coutumées à la prudence, tout le rendait semblable aux sages de l'ancienne Grèce. Il en avait la
vertu, la pénétration et la bonté. Son austérité
même était d'une douceur infinie. Admirable de
sérénité, comme tous les hommes dont la conscience est pure, la mort avait passé près de lui
sans l'émouvoir, et l'énergie de son âme s'élevait
au-dessus des angoisses de la misère... Quant à
ses opinions, elles étaient d'origine céleste, puisqu'elles tendaient à ramener parmi les hommes le
culte de la fraternité évangélique ; mais elles devaient être difficilement comprises dans un siècle
abruti par l'excès de la corruption. Car il est des
vérités qui, bien que fort simples, sont d'une nature tellement sublime que, pour les embrasser,
l'intelligence de la tête ne suffit pas, il faut celle
du cœur, sans laquelle il n'y aura jamais, même

dans les esprits d'élite, que force apparente et trompeuses lueurs... Pauvre et réduit pour vivre à donner quelques leçons de musique, du fond de son obscurité il gouvernait de généreux esprits, faisait mouvoir bien des ressorts cachés, entretenait avec la démocratie du dehors des relations assidues, et, dans la sphère où s'exerçait son ascendant, secondé par Voyer-d'Argenson et Charles Teste, tenait les rênes de la propagande, soit qu'il fallût accélérer le mouvement ou le ralentir [1] ». C'est Buonarotti qui fit pénétrer les doctrines socialistes dans les sociétés secrètes qui étaient très nombreuses à cette époque. Louis Blanc, qui débutait alors dans le journalisme, fut certainement en relations avec lui, et on retrouve dans ses écrits la trace de l'influence du célèbre conspirateur. C'est Buonarotti qui lui inspira cet attachement pour les Jacobins, qui perce d'un bout à l'autre de son *Histoire de la Révolution*, et cette admiration profonde qu'il professe pour le caractère et les doctrines de Robespierre. Et on peut dire que certaines des théories de Louis Blanc remontent, par Buonarotti et Babeuf, jusqu'à Morelly et Mably, les deux plus illustres représentants du communisme au XVIII° siècle.

1. *Histoire de dix ans*, tome VI, chap. IV.

Dans le premier volume de son *Histoire de la Révolution*, Louis Blanc prodigue les éloges à Morelly et à Mably. D'après lui, seuls avec J.-J. Rousseau, ils défendirent au xviiie siècle la doctrine de la fraternité, et il les oppose à l'école individualiste représentée par la secte des Economistes. « A Mercier de la Rivière, à Turgot, à l'école entière des économistes qui donnaient l'âpreté du gain pour l'unique aiguillon de l'activité humaine, Mably opposait le souvenir de l'établissement fondé au Paraguay par les Jésuites [1] ». Et il voit en Morelly et en Mably les continuateurs de « l'impérissable tradition conservée à travers les siècles par la philosophie platonicienne, par le christianisme et par les Albigeois, les Vaudois, les Hussites, les anabaptistes [2] ».

C'est cette tradition que Buonarotti avait recueillie de la bouche de Babeuf, et qu'il transmit lui-même à Cabet et à Louis Blanc. Cabet la reproduit dans toute sa pureté dans le *Voyage en Icarie*, et il essaie de la mettre en pratique dans la colonie qu'il fonda à Nauwo, en Amérique. Louis Blanc, mieux inspiré, tente de rajeunir la vieille conception communiste et de la dépouiller de son

1. *Histoire de la Révolution*, tome Ier, p. 463.
2. Ibid., p. 464.

caractère archaïque. Il comprend que le communisme antique n'est plus compatible avec l'état social actuel et que son existence ne peut se concilier avec le développement moderne de la grande industrie, et il s'efforce de l'adapter à son époque. Il aboutit ainsi à un communisme combiné avec le collectivisme, et son système forme une sorte de transition entre les deux doctrines.

C'est à Morelly que Louis Blanc emprunte la plupart de ses critiques contre l'organisation sociale. Il reproduit sa conception optimiste de la nature humaine et il ne fait que reprendre ses idées lorsqu'il attribue tous les maux de la société à l'égoïsme, à l'intérêt personnel, que Morelly appelle « cette peste universelle, cette fièvre lente, cette étisie de toute société ». Avant Louis Blanc, Morelly avait affirmé que l'homme est bon en sortant des mains du Créateur ; s'il devient mauvais dans la suite, c'est que le mécanisme de ses passions a été faussé par les institutions sociales [1]. Et réfutant l'objection qu'on peut tirer de la nécessité de l'intérêt personnel comme stimulant de l'activité humaine, il soutient que l'homme est naturellement enclin au travail. « La paresse, dit-il, n'est engendrée que par les institutions arbitraires, qui

1. *Code de la Nature*, p. 48.

prétendent fixer pour quelques hommes seulement un état permanent de repos que l'on nomme prospérité, fortune, et laisser aux autres le travail et la peine. Ces distinctions ont jeté les uns dans l'oisiveté et la mollesse, et inspiré aux autres de l'aversion et du dégoût pour des devoirs forcés[1] ». Ce sont là les mêmes arguments que Louis Blanc invoquait pour montrer la nécessité d'une transformation sociale, et pour prouver à ses adversaires que son système était praticable ; nous les avons examinés dans les chapitres précédents.

Louis Blanc demande au même auteur la loi qui présidera à la répartition de la richesse. « Tout citoyen, dit Morelly, contribuera pour sa part à l'utilité publique, selon ses forces, son talent et son âge ; c'est sur cela que sont réglés ses devoirs, conformément aux lois distributives. » Louis Blanc propose le même principe sous cette formule plus concise : « De chacun suivant ses facultés, à chacun suivant ses besoins. »

Mais, à la différence de ses devanciers, Louis Blanc est un adversaire résolu de la toute-puissance de l'État. Pour les communistes, l'État c'est tout : il se substitue en tout et partout à l'ini-

_____

1. *Code de la Nature*, p. 79.

tiative individuelle, la volonté de chacun s'efface
devant la volonté collective représentée par le
gouvernement. Louis Blanc s'est toujours défendu
de toutes tendances étatistes. Lorsqu'en 1841,
le journal *le Commerce*[1] l'accusait d'exagérer
les pouvoirs de l'État en matière économique et
d'en faire un véritable entrepreneur d'industrie, il
s'empressa de répondre que jamais une semblable
pensée n'avait germé dans son esprit. « Il est certain, dit-il, que l'État, devenu entrepreneur d'industrie et chargé de pourvoir aux besoins de la
consommation privée, succomberait sous le poids
de cette tâche immense ». Et s'il réussissait, on
aboutirait inévitablement « à·la tyrannie, à la
violence exercée sur l'individu sous le masque du
bien public, à la perte de toute liberté, à une
sorte d'étouffement universel, enfin[2] ». C'est bien
là en effet le résultat fatal de l'application des purs
systèmes communistes tels que les concevaient
Morelly, Babeuf et Cabet.

Dans le projet de Louis Blanc, les attributions
économiques de l'État ne sont guère plus étendues
que celles qu'il a actuellement sous le régime de
la concurrence illimitée. Il intervient seulement
pour imposer aux ouvriers qui voudront se grou-

1. Numéro du 3 août 1841.
2. *Organisation du travail*, p. 148.

per des statuts ayant « forme et puissance de loi »
et qu'ils auront examinés avant de s'y soumettre.
Il agit donc comme pour les lois ordinaires, avec
cette différence que la loi qui organisera les ateliers
sociaux ne sera obligatoire que pour les ouvriers
qui formeront volontairement une association en
se conformant aux règles prescrites par cette loi.
Sans doute, comme les entrepreneurs d'industrie,
il fournit, au moins au début, les capitaux nécessaires, mais c'est là une simple avance rembour-
sable, un prêt dont il touchera l'intérêt. Il n'aura
aucune part dans les bénéfices et il devrait en
être différemment s'il était entrepreneur pour son
compte. Il devra bien, la première année, régler
lui-même la hiérarchie, mais les chefs d'atelier et
contre-maîtres ainsi désignés ne seront pas des
fonctionnaires puisque, dans la suite, ils seront
nommés à l'élection. Louis Blanc ne veut pas que
l'État puisse abuser de l'énorme pouvoir que lui
conférerait l'administration de tous les ateliers
sociaux. Il importe, dit-il, d'éviter l'écueil contre
lequel est venu échouer le saint-simonisme. Saint-
Simon avait bien vu que seule, « la main de l'État
est assez forte pour détourner la société du chemin
des abîmes ». Mais il se laissa entraîner trop loin
et dépassa le but[1]. Aussi ne faut-il pas confondre

1. *Organisation du travail*, p. 161.

les deux doctrines, comme l'a fait le journal *la
Phalange*, qui, dans son numéro du 23 septembre 1840, déclare que « la conception de M. Louis
Blanc est une conception essentiellement saint-
simonienne ».

Louis Blanc a donc bien raison de repousser
toute affinité entre la doctrine de Saint-Simon et la
sienne. « Dans la doctrine de Saint-Simon, dit-il,
le pouvoir est tout, il fait tout ; après avoir tiré
en quelque sorte de son propre sein le droit de
s'imposer à la société, il la façonne à son gré :
c'est lui qui classe les capacités, c'est lui qui
distribue les fonctions, c'est lui qui préside au
travail de tous, c'est lui qui pourvoit à la distri-
bution des richesses. Dans la doctrine de Saint-
Simon, l'État, c'est le pape de l'industrie. Dans
notre projet, au contraire, l'État ne fait que donner au travail une législation en vertu de laquelle
le mouvement peut et doit s'accomplir en toute
liberté ; il ne fait que placer la société sur une
pente qu'elle descend, une fois qu'elle y est placée,
par la seule force des choses et par une suite
naturelle des lois du mécanisme établi ; dans la
doctrine saint-simonienne, l'intervention de l'État
dans l'industrie est permanente ; dans notre projet elle n'est en quelque sorte que primordiale [1] ».

1. *Organisation du travail*, p. 165.

Il y a en effet une différence très grande entre
les deux doctrines. Le système de Saint-Simon,
c'est l'État propriétaire, c'est l'absorption complète
de l'individu dans la collectivité. Louis Blanc
conserve, au moins au début, la propriété individuelle des objets de consommation. Quant aux
instruments de travail, ils n'appartiendront pas à
l'État, mais aux groupements ouvriers qui formeront l'atelier social, et chacun des membres de
l'association sera propriétaire d'une parcelle indivise du fonds social. Nous sommes bien loin du
communisme utopique du xviiie siècle, qui imposait à l'État la tâche énorme de diviser le travail
entre tous les citoyens, et d'opérer ensuite la
répartition des produits au prorata des besoins de
chacun. Un pouvoir despotique pourrait seul
remplir convenablement un tel rôle.

Louis Blanc, d'ailleurs, est loin d'être l'adversaire du principe d'autorité. « Nous savons, dit-
il, que, lorsque, dans une société, la force organisée n'est nulle part, le despotisme est partout[1] ».
Mais l'État a surtout un rôle moralisateur et
social, et son intervention est légitime toutes les
fois qu'elle se produit à l'occasion de cette fonction. L'État peut et doit intervenir toutes les fois

---

1. *Organisation du travail*, p. 161.

qu'il y a des droits à équilibrer et des intérêts à
garantir. C'est à lui de réparer les inégalités que
la nature a créées entre les hommes, et, pour cela,
il doit faire en sorte que tous les citoyens soient
placés dans des conditions égales de développement moral, intellectuel et physique. L'intervention du pouvoir est nécessaire « toutes les fois
qu'au lieu de s'opposer au libre développement
des facultés humaines, elle aide à ce développement ou écarte les obstacles qui le paralysent [1] ».

L'État, par exemple, doit favoriser l'instruction.
« L'éducation est une dette de la part de l'État,
et un devoir de la part du citoyen [2] ». Elle doit
donc être gratuite et obligatoire. L'État doit veiller
à ce que les enfants fréquentent l'école et, au
besoin, obliger leurs parents à les y envoyer. A
ce point de vue, la fabrique est le plus grand
ennemi de l'école. Elle prend les enfants dès leur
bas âge pour les enfermer dans une atmosphère
empestée, et elle corrompt en même temps l'âme
et le corps. Il est donc nécessaire de limiter les
heures de travail des enfants dans les manufactures et fixer l'âge au-dessous duquel ils ne pourront être admis. Il ne s'agit pas ici de porter
atteinte à la liberté de l'industrie, mais de veiller

1. Assemblée nationale, séance du 25 novembre 1872.
2. *Histoire de dix ans*, t. IV, chap. ii.

à la sécurité de la société dont l'existence est menacée.

Louis Blanc, à la différence des communistes, est aussi un défenseur ardent de la liberté. Les communistes suppriment toutes les libertés, liberté de penser, liberté de parler et d'écrire. Dans la société telle qu'ils la comprennent, il y aurait des savants, des écrivains, des artistes nationaux. La presse serait étroitement réglementée, et il n'y aurait plus que des journaux officiels. Louis Blanc a été témoin des luttes des libéraux sous la Restauration pour conquérir les libertés publiques. Il sait combien la liberté est chère au cœur de l'homme, et qu'elle suffit quelquefois, comme en Angleterre, à lui faire oublier sa misère. Il a lui-même combattu sous la monarchie de Juillet pour la liberté de la presse. Aussi il proclame que certains droits sont intangibles et doivent être placés en dehors et au-dessus de toutes les lois. La liberté de conscience, la liberté de réunion et d'association sont antérieures à toute Constitution, et on ne peut y porter atteinte, même de l'avis des majorités. Il ne faut pas craindre de voir ces libertés dégénérer en licence. Le peuple apprendra par la pratique à les exercer régulièrement. « Abuse-t-on en Angleterre et en Amérique de ce que les droits de réunion et d'association y ont d'absolu? Nulle-

ment. Et pourquoi? Parce qu'un peuple qui se fie
à la liberté reçoit d'elle le pouvoir de s'en rendre
digne [1] ».

Mais, comme la plupart des socialistes, il n'a
pas eu la même conception de la liberté que celle
sous laquelle nous vivons depuis 1789. « La liberté
sous la concurrence, dit-il, c'est celle de l'état
sauvage, c'est le droit du plus fort. Avant 1789, le
pouvoir aidait le fort. Après, on a dit: allez, vous
êtes libre ; mais l'un est vigoureux et l'autre est
infirme [2] ». La véritable liberté n'existe que pour
ceux qui ont une force économique et sociale
suffisante pour en jouir.

Il ne faut pas confondre en effet le droit avec le
pouvoir. Il importe peu qu'on soit en possession
d'un droit si on est dans l'impossibilité matérielle
de l'exercer. « Le droit, considéré d'une manière
abstraite, dit Louis Blanc, est le mirage qui,
depuis 1789, tient le peuple abusé. Le droit est la
protection métaphysique et morte qui a remplacé,
pour le peuple, la protection vivante qu'on lui
devait. Le droit, pompeusement et stérilement
proclamé dans les chartes, n'a servi qu'à masquer
ce que l'inauguration d'un régime d'individualisme
avait d'injuste et ce que l'abandon du pauvre

1. Conférence à Marseille, 21 septembre 1879.
2. *Histoire de dix ans*, t. IV, chap. II.

avait de barbare. C'est parce qu'on a défini la
liberté par le mot droit, qu'on en est venu à appeler hommes libres des hommes esclaves de la faim,
esclaves du froid, esclaves de l'ignorance, esclaves
du hasard. Disons-le donc une fois pour toutes : la
liberté consiste non pas seulement dans le DROIT
accordé, mais dans le POUVOIR donné à l'homme
d'exercer, de développer ses facultés sous l'empire
de la justice et sous la sauvegarde de la loi[1] ».

La véritable liberté n'existe pas pour le pauvre
qui est en butte à la misère. L'ouvrier qui n'a pas
de pain n'est pas libre de discuter avec le patron
les conditions du travail. Le malheureux qui est
obligé par l'accroissement de sa famille à chercher
un supplément de salaires partout où il le trouve,
n'est pas libre d'envoyer son enfant à l'école ou à
l'usine. « Est-il libre de ne pas mourir de faim,
l'ouvrier qui se voit ravir sa place par une force
inanimée qui ne mange pas et qui ne se lasse
jamais? Etait-elle libre de conserver à la fois sa
vertu et sa vie, cette pauvre jeune fille, qui, un
jour, ayant à choisir entre la prostitution et la
mort, choisit la mort[2] ». Le devoir de l'Etat est de
corriger ces inégalités. Il doit protéger le faible et
prendre des mesures pour qu'il ne soit pas écrasé.

1. *Organisation du travail*, p. 19.
2. Conférence du lac Saint-Fargeau, 26 octobre 1879.

Louis Blanc n'a pas seulement puisé aux sources socialistes du xviiiᵉ siècle. Il est encore un écrivain dont il est tributaire dans une large mesure, comme d'ailleurs un grand nombre de socialistes contemporains : c'est Simonde de Sismondi. Comme le fait remarquer avec raison M. Aftalion [1], l'empreinte des théories de Sismondi est profondément marquée dans les œuvres de Louis Blanc, surtout dans l'*Organisation du travail*. Sismondi avait montré vingt ans avant Louis Blanc, dans ses *Nouveaux principes d'Economie politique* qui parurent en 1819, les progrès croissants de la grande industrie et de la grande culture, favorisés par le développement du machinisme dont il déplore les effets désastreux. De même Louis Blanc s'inspire de Sismondi dans ses théories sur la population. La disproportion entre le chiffre des naissances dans les quartiers riches et dans les quartiers ouvriers, dit-il, « est un fait général, et M. de Sismondi, dans son ouvrage sur l'Économie politique, l'a très bien expliqué en l'attribuant à l'impossibilité où les journaliers se trouvent d'espérer et de prévoir [2] ». Mais l'influence de l'auteur des *Nouveaux principes* est surtout manifeste dans la critique du régime de concurrence qui forme

1. *L'œuvre économique de Simonde de Sismondi.*
2. *Organisation du travail*, p. 71.

le fonds même de la doctrine de Louis Blanc.
Sismondi avait insisté sur le caractère anarchique
de la production livrée à elle-même, et sur les
crises inévitables provoquées par la surproduction. Il avait montré que ces crises sont le résultat fatal des nouvelles formes de la production,
une conséquence nécessaire de la grande industrie
et de la concurrence illimitée, et que le désir de
réussir amenait un état de lutte permanent dans
lequel chaque producteur considérait son voisin
comme un ennemi qu'il fallait terrasser à tout
prix. Et l'universelle compétition obligeait à produire le plus possible avec le moins de frais
possibles ; de là pour les ouvriers une situation
critique, car on devait réduire leur salaire au
minimum. Et Sismondi, et après lui Villeneuve-
Bargemont, son disciple, avaient vu dans l'Angleterre le pays où les mauvais effets de la concurrence s'étaient manifestés avec le plus d'intensité,
et ils prétendaient que l'exemple suffisait pour
faire condamner le système.

Sismondi n'avait pas tiré de ses principes toutes
les déductions qu'ils comportaient. Il se bornait
à proclamer le droit pour l'Etat de modifier les
institutions sociales existantes, sans demander
ouvertement son intervention. Un de ses disciples,
Buret, va beaucoup plus loin, et il réclame ferme-

ment l'intervention des pouvoirs publics en matière économique. Dans son ouvrage sur « la
misère des classes laborieuses », il propose,
comme le fait Louis Blanc, la suppression des
successions collatérales. Mais au lieu des associations agricoles préconisées par Louis Blanc, il
voudrait voir la propriété extrêmement morcelée,
et, pour cela, l'Etat vendrait à bas prix les terres
qui lui reviendraient à de nombreuses familles de
paysans. Enfin son système d'organisation de l'industrie présente avec celui de Louis Blanc beaucoup de ressemblance. Il propose d'élire au suffrage universel pour chaque industrie dans une
région déterminée un conseil mixte de patrons et
d'ouvriers qui statuerait sur les contestations pro-
fessionnelles et arrêterait le taux des salaires.

Au-dessus de ces conseils serait établi un conseil
cantonal pour toutes les industries de la circonscription. Et au sommet de la hiérarchie, un conseil
supérieur de la production nationale donnerait
l'impulsion à tout le travail industriel, règlerait,
en particulier, la fabrication d'après les besoins
du marché[1]. L'analogie de ce système avec celui
de Louis Blanc que nous avons examiné précédemment[2] est évidente. Il n'est pas douteux que

1. *La Misère des classes laborieuses*, tome II, p. 430.
2. Cf. supra, chap. IV.

Louis Blanc a eu connaissance de l'ouvrage de
Buret, car il l'invoque à l'appui de ses théories
sur la misère des ouvriers. « L'auteur du beau
livre sur la misère des classes laborieuses,
M. Buret, dit-il, constate comme résultat certain
des dernières investigations administratives, qu'en
France il y a plus d'un million d'hommes qui
souffrent littéralement de la faim, et ne vivent
que des miettes tombées de la table des riches [1] ».

Si Louis Blanc s'est inspiré fréquemment des
théories des réformateurs qui l'ont précédé, il n'a
pas été sans exercer lui-même une certaine influence sur le socialisme postérieur. Ferdinand
Lassalle, notamment, s'est approprié quelques-
unes de ses critiques contre l'ordre social actuel
et la concurrence. Comme lui, il a insisté sur les
crises monétaires et industrielles causées par la
surproduction, et il a montré que l'équilibre entre
la production et la consommation, bouleversé par
l'impossibilité où on se trouve de prévoir exactement les besoins, ne se rétablit qu'au prix de
grandes pertes pour les patrons et de chômages
désastreux pour les ouvriers.

L'analogie est surtout frappante lorsqu'on exa-
mine les moyens proposés par Lassalle pour re-

---

1. *Organisation du travail*, p. 43.

médier à cet état de choses. Les risques de perte
disparaîtraient, suivant Lassalle, si l'industrie, au
lieu de produire au hasard, marchait d'après des
plans d'ensemble, pour répondre à des besoins
connus. Pour atteindre ce but, il suffirait de créer,
avec le concours et sous le contrôle de l'Etat, des
associations de travailleurs, qui seraient unies
entre elles par les liens d'une étroite solidarité. Il
estimait que pour établir le système en Prusse il
faudrait cent millions de thalers. Cette somme
serait avancée par l'Etat, qui la demanderait lui-
même à une banque nationale. On établirait
d'abord des associations dans les régions les plus
favorables, et on les généraliserait peu à peu.
Elles formeraient bientôt un réseau qui engloberait toutes les industries, même l'industrie agricole.
Mais l'initiative individuelle est impuissante à
réaliser cette réforme, sans le concours du pouvoir. Dans ses *Lettres ouvertes* (Offenen Antworts-
chreiben), il résume ainsi ses propositions : « Encore une fois, la libre association individuelle des
travailleurs, facilitée par la main secourable de
l'Etat, telle est la seule voie pour sortir du désert
qui soit ouverte à la classe ouvrière [1] ».

1. Noch einmal also, die freie individuelle Association der
Arbeiter, aber die freie Association, ermöglicht durch die stü-
zende und fördernde Hand des Staates, — das ist der einzige
Weg aus der Wüste, der dem Arbeiterstand gegeben ist ».

Il ne faut donc pas s'étonner que M. Anton
Menger, dans son étude sur « le droit au produit
intégral du travail dans son développement historique[1] », classe dans un même paragraphe Louis
Blanc et Lassalle. Ils représentent d'après lui la
même forme de socialisme, ce qu'il appelle le
socialisme d'association (Gruppensocialismus).

Il existe cependant une différence profonde entre les deux auteurs. Dans l'esprit de Louis Blanc,
la transformation sociale qu'il propose devrait
s'étendre à l'humanité tout entière. Il voudrait
voir l'avènement de la fraternité dans une république universelle formée par la fédération de
tous les travailleurs. Lassalle au contraire est national et Allemand. Il veut appliquer son système
dans un seul Etat, et cet Etat, c'est l'Allemagne
unifiée, telle qu'elle a été constituée plus tard
après les campagnes de 1866 et de 1870. Il partage l'opinion des physiocrates, et il pense que
les réformes économiques et sociales sont plus faciles à réaliser dans un empire que dans une république. C'est le socialisme césarien tel que l'avait
conçu Louis-Napoléon pendant sa détention au
fort de Ham, et tel que le rêvait, dit-on, Bismarck.

1. Das Recht auf den vollen Arbeitsertrag in geschichtlicher
Darstellung, 2ᵉ édition, Stuttgart, 1891.

CONCLUSION

———

La conception de Louis Blanc a eu un moment
de popularité immense. Dès que les barricades
furent démolies, on vit les ouvriers faire des manifestations pacifiques, en portant des bannières
où on pouvait lire ces inscriptions : « Organisation du Travail » et « Organisation du Travail
par l'Association ». On était alors convaincu que
l'application de cette formule allait révolutionner
la production et supprimer la misère. Mais ce beau
jour n'eut pas de lendemain et vingt-deux ans
d'exil firent expier durement à Louis Blanc son
triomphe éphémère. Louis Blanc exerça sur la
foule un ascendant énorme. Il le dut en partie à
son talent oratoire, à la force entraînante de sa
parole, mais aussi et surtout au caractère de sa
doctrine. Pailleron a pu dire avec raison : « L'ob-
jectif de justice absolue en était à la fois la séduc-

17

tion et le danger[1] ». Il s'adressait en effet moins aux esprits qu'aux cœurs, et c'est pour cela qu'il produisait sur la foule une impression profonde.

Louis Blanc avait conçu un beau rêve, celui d'un état social meilleur où le règne de la fraternité serait assuré par la liberté, à l'exclusion de toute contrainte. Malheureusement ce n'est bien là qu'un rêve. Sans doute, nous ne sommes pas habitués à l'empire de la justice, qui n'a jamais existé sur la terre. Jamais on n'a pu se rendre compte de ce qui se produirait dans un ordre social où tout le monde ferait son devoir. Cependant on ne voit guère la possibilité d'une société où les besoins ne seraient contenus que par la modération de chacun, où le sentiment du devoir serait l'unique règle de conduite. Louis Blanc part d'une conception beaucoup trop optimiste de la nature humaine. L'égoïsme domine chez les hommes plus souvent que le sentiment de la fraternité. Et il semble bien que ce soit une chimère de croire que l'intérêt collectif pourra jamais remplacer l'intérêt personnel comme mobile des actes humains.

Mais il ne faut pas oublier que Louis Blanc a contribué à encourager les associations ouvrières.

1. Discours de réception à l'Académie (sur Charles Blanc).

Il semble qu'on a exagéré l'influence de Fourier
sur le mouvement associationiste, au détriment
des autres réformateurs de la première moitié
du xix° siècle. Fourier est le premier qui ait préconisé l'association comme moyen d'améliorer le
sort de la classe ouvrière, et on peut dire qu'en
répandant l'idée il a fait beaucoup pour ce genre
d'organisation du travail. Mais l'idée a sommeillé
pendant un temps assez long, et ce n'est qu'en
1833 que Buchez fonda la première association de
production en France. Le mouvement prit corps
seulement en 1848, et ce résultat fut l'œuvre des
socialistes de l'époque. Les harangues enflammées
de Louis Blanc à la Commission du Luxembourg
n'y furent pas étrangères, et nous avons vu qu'il
soutint lui-même de ses conseils et de son influence plusieurs sociétés ouvrières de production.

C'est là le côté pratique des théories de Louis
Blanc, et il apparaît surtout de nos jours, où l'on
voit des philanthropes éclairés et même des économistes distingués encourager l'association. On
se heurte cependant à l'opposition d'une fraction
importante du parti socialiste, qui repousse les
sociétés coopératives de production et de consommation sous prétexte que « ne pouvant améliorer
le sort que d'un petit nombre de privilégiés, elles
ne peuvent aucunement être considérées comme

des moyens assez puissants pour arriver à l'émancipation du prolétariat[1] ». Malgré toutes les difficultés, le nombre des associations croît tous les
jours et, en 1900, M. Gide estimait qu'il y en
avait en France plus de deux cents.

En même temps on voit se développer les sentiments de solidarité entre les membres de chaque
corps de métier et même entre tous les ouvriers.
Dans chaque branche d'industrie, on organise des
sociétés de secours mutuels pour venir en aide
aux victimes du chômage ou de la maladie. Et
lorsqu'une grève s'appesantit sur une région, on
voit les travailleurs de tous les pays organiser des
souscriptions pour secourir leurs camarades réduits au chômage.

Enfin, on peut noter un dernier caractère du
socialisme de Louis Blanc, qu'il doit aux sources
où il a été puisé, aux écrivains communistes du
xviiie siècle. Il est essentiellement sentimental et
spiritualiste. Par là il se distingue du collectivisme
moderne, d'origine allemande, qui prétend s'appuyer exclusivement sur la science et qui est matérialiste. Déjà, en 1847, Louis Blanc avait pres-
senti ce caractère du socialisme moderne, et il
mettait en garde les réformateurs contre cette ten-

1. Considérant de l'ordre du jour voté, sur la proposition de
Jules Guesde, au Congrès de Marseille en 1879.

dance. « Et maintenant, disait-il, souvenez-vous,
Allemands, que le représentant de la démocratie
fondée sur l'unité et la fraternité, au xviiie siècle,
ce fut J.-J. Rousseau. Or, J.-J. Rousseau n'avait
pas été conduit par la pensée dans le désert où
quelques-uns de vous s'égarent ; J.-J. Rousseau
n'était pas athée, J.-J. Rousseau, de la même
plume qui nous donna le *Contrat social,* écrivait
la profession de foi du vicaire savoyard. Songez-y
bien, Allemands, si vous prenez votre point de
départ dans la philosophie matérialiste où nous
avons pris le nôtre, philosophie que combattit en
vain J.-J. Rousseau, grand homme venu trop
tôt, vous exposez l'Allemagne aux troubles mor-
tels qui ont désolé la France [1] ».

1. Extrait de *la Revue indépendante,* année 1847.

Vu :
Edgard ALLIX.
Vu :

Le Doyen de la Faculté de Droit
de l'Université de Dijon,
E. BAILLY.
Vu et permis d'imprimer :
Dijon, le 9 juin 1902.

Le Recteur de l'Académie,
Ch. ADAM.
Correspondant de l'Institut.

TABLE DES MATIÈRES

DIJON. — IMPRIMERIE BARBIER-MARILIER